雞尾酒裡面有雞尾巴嗎？
AN ILLUSTRATED GUIDE TO
COCKTAILS

50 Classic Cocktail Recipes, Tips, and Tales

精選50個好喝、好聽又好玩的調酒故事

歐爾‧斯圖爾 Orr Shtuhl —— 著

伊麗莎白‧桂博 Elizabeth Graeber —— 畫

吳品儒 —— 譯

Contents

7　寫在開喝之前

9　古典雞尾酒怎麼調？

13　起源於曼哈頓的曼哈頓調酒

18　喝完會看到粉紅色大象的酒？

22　300磅重的總統愛喝什麼酒？

24　曾經甜到會被嗆到的酒？

27　如何愛上威士忌？（美國版）

30　馬丁尼、馬丁尼茲、乾馬丁尼的差別？

32　比白色晚禮服還經典的酒？

34　007特務龐德調錯了什麼酒？

38　在陽光燦爛的溫暖午後必喝的酒？

41　偷偷跟你說：最簡單的糖漿、柑橘類果汁做法

44　比美國副總統薪水還高的酒保調什麼酒？

47　一定要點火配著喝才過癮的酒？

50　哪款酒沾滿了血，命運曲折？

54　哪個退休的總統跑去釀酒？

56　總統夫人的特調配方

58　雞尾酒跟雞尾巴有什麼關聯？

60　喝完日記都會空白三頁的酒？

64　調酒器具怎麼買？

72　如何用免洗餐具調出馬丁尼？

75　滋味就像是驚見奇幻生物的酒？

76　賣真酒賣出名聲的跑船人？

78　真的有「喝了會變健康的酒」嗎？

83　寂寞的伏特加柳橙汁

84　巴黎高級飯店的早餐都配什麼酒？

87　以義大利文藝復興畫家貝里尼命名的酒？

90　酒精連續重擊的效果就像大砲一樣的酒？

93　有「自我療癒」功能的酒？

95　喝了不會得壞死病的酒？

97　喝起來跟松樹一樣的琴酒有話要說？

98　愛上琴酒的方法

100　海盜特調的酒？

102　坐側車上班的服務生喝什麼酒？

104　哪支酒以性感舞女命名？

107　適合勾心鬥角的調酒是哪一款？

109　如何愛上龍舌蘭？

112　平衡報導：禁酒聯盟負責人的故事

114　用野莓漿果特調的酒？

116　為了感謝美國觀光客而改名的酒？

118　哪款酒你「碰不得」？

124　適合淑女喝的酒？

125　最常襯托法國醬料的酒？

126　以酒客命名最著名的酒？

130　適合邊喝邊講冷笑話的酒？

132　英國夏日最流行的消暑調酒？

134　自製婚禮簡易調酒

138　每年五月五日美國人喝什麼酒？

142　長島冰茶的真面目

145　為什麼有的調酒要放在椰子殼裡喝？

147　殭屍喝起來到底像什麼？

149　哪一款調酒有無數個版本？

151　海明威最愛喝什麼酒？

153　彷彿渾濁飛行中浮現一抹神秘晚霞的酒？

155　說出遺言前一定要喝的酒？

156　絕對不可能做錯的酒？

157　如何愛上威士忌（英國版）？

159　看起來很厲害，其實很難喝的酒？

160　哪杯調酒出現在《謀殺綠腳趾》結局裡？

163　冬天一定要喝的熱酒？

166　特別感謝

喝好飽～

寫在開喝之前

古典雞尾酒，其實就是由這三種味道組成的。
酒味（烈酒）＋甜味（糖、利口酒）＋苦味（來源並不固定，反正就是苦苦的）。

即使是在簡單的琴通寧（Gin Tonic）裡，也能找到這三種元素。首先，杜松子的刺鼻味會融進糖的甜味中、通寧水中可以喝到奎寧的苦味，最後可以嚐到以萊姆收尾的水果尖味。

酒味、甜味、苦味 —— 一杯好的調酒就是有著戲劇般的張力，有著像是吃鹹甜點心的喜悅，也有一絲絲誘人犯罪的邪惡。

從十八世紀的淫謔客棧掌櫃到美國禁酒時期的私酒幫派，酒精飲料總占有一席之地，而調酒也成為一則則最有個性的傳奇～

有些調酒的傳說和名人軼事脫不了關係，如撲克老千傑克羅斯（Jack Rose）、知名鬥牛電影《血與沙》（Blood and Sand）、後來成了性感女星的麗塔海華斯（Rita Hayworth）或是舞女瑪格麗特卡門（Margarita Carmen）。

只要有酒可喝，就有故事可聽。我們喜歡這些故事，更喜歡一手拿好酒，邊喝邊享受。

本書提到的一些酒是我們最愛喝的，希望你也會喜歡！

古典雞尾酒怎麼調？

雞尾酒（cocktail）一詞的由來有千百種，有一說來自法語的蛋杯（coquetier，用來裝水煮蛋），有人說是因為用了公雞尾巴的羽毛，也有些說法帶有顏色，嗯～所以這裡就不寫啦。

追本溯源，西元 1800 年左右的雞尾酒其實就是現在的古典雞尾酒。然而到了十九世紀末期，新式雞尾酒如雨後春筍般一一登場，有人開始加入果汁、苦艾酒以及多種烈酒。

在這波潮流中，酒客要是只想喝單純調酒，就會點古典雞尾酒，也就是只加威士忌、糖、苦精、冰塊。

下面所附的做法其實算不上是固定酒譜，因為烈酒的成分不是太多，比較像是做完一道料理時，隨手灑幾搓鹽和胡椒那樣，但這才是原創雞尾酒啊～

古典雞尾酒（Old-Fashioned）

○ 1.5 盎斯波本威士忌或裸麥威士忌

○ 1 茶匙糖漿

○ 2 滴安哥斯圖娜苦精（Angostura bitters）

→倒入已裝有冰塊的短杯攪拌，並以螺旋狀檸檬皮裝飾。

邱吉爾媽媽

起源於曼哈頓的
曼哈頓調酒

若說古典雞尾酒是第一種用糖分削弱酒精力道的調酒，那麼，與紐約行政區同名的「曼哈頓雞尾酒」（Manhattan）更是把這個概念提升到另一個層次的酒，甚至還加入了苦艾酒和柳橙汁。

說到調酒（以及雞尾酒族譜）的中心，如果曼哈頓雞尾酒排第二，應該沒人敢說自己第一。就像古典雞尾酒一樣，曼哈頓雞尾酒的歷史也很曲折。我個人最愛的版本呢，偏偏歷史學家覺得最不可能。不過，為什麼要讓事實妨礙我們聽故事呢？

在我喜歡的版本中，此調酒起源於紐約一間名叫曼哈頓的俱樂部。1870 年代左右，邱吉爾的媽媽珍妮特在此舉辦宴會，慶祝塞繆爾·蒂爾登當選州長。

不過，就算蒂爾登在曼哈頓俱樂部喝到曼哈頓，邱媽媽也不可能出現在那裡啦！

話又說回來，曼哈頓俱樂部是間認真的調酒酒吧，它還與另外一間位於包爾利、休士頓街口的無名酒吧，角逐曼哈頓雞尾酒的發明者頭銜。雖然不知究竟是哪間紅木裝潢的小店，先蹦出烈酒加苦艾的曼哈頓好滋味，但起碼我們知道：曼哈頓是在曼哈頓發明的。

我們還知道，後來曼哈頓快速在嗜飲民眾間崛起不是沒有原因的，因為在曼哈頓裡的威士忌、苦艾酒、苦精間，那絲滑甜美的混合口感，比起當時其他「阿莎力」的飲酒習慣，更容易入口。

曼哈頓（Manhattan）

- ○ 2 盎司波本威士忌或裸麥威士忌
- ○ 1 盎司甜苦艾酒
- ○ 2–3 滴安哥斯圖娜苦精

→加入冰塊攪拌，濾進雞尾酒杯，然後，向世界各處的無名發明者，乾杯！

熱帶水果汁

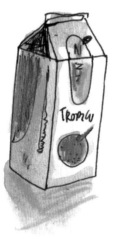

馬丁尼

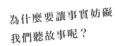

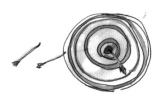
為什麼要讓事實妨礙
我們聽故事呢？

布鲁克林市酒封

紐約行政區：
曼哈頓、布朗克斯、布魯克林

布朗克斯
(Bronx)

曼哈頓

布魯克林

曼哈頓

喝完會看到粉紅色大象的酒？

喜歡喝烈酒的酒客開始覺得酒變得很做作。

首先，酒保竟然用起糖和苦精調味，接著又很假掰地添加苦艾酒，拜託喔，老女人才喝那種酒。接下來還想怎樣，配甜點喝嗎？好像也真的是耶！

到了十九世紀末，檸檬汁與萊姆汁已經是公認的雞尾酒必備成分了。這兩種果汁的酸，酸到可以突破糖漿濃厚的甜味，突顯出烈酒的辛味。堆疊在布朗克斯（Bronx）雞尾酒中的，不只有甜味、乾苦艾酒，還有柳橙汁，現在全部都通通倒進被飲料包圍的琴酒裡。

比較老派的酒客都覺得這真是太over了，不過布朗克斯雞尾酒卻廣受大眾歡迎，陸續出現在飯店和宴會酒單上，成為一種「有格調、沒那麼酒鬼樣」的喝琴酒方式，白天喝布朗克斯也沒關係，甚至可以搭配午餐，或是午餐前飲用。

檸檬 & 萊姆

BRONX

柳橙汁混琴酒

苦艾酒

雞尾酒

早餐

華爾道夫酒店

午餐

粉紅色大象

布朗克斯是強尼・索隆（Johnnie Solon）研發出來的，他當時負責掌管全盛時期的華爾道夫飯店酒吧。有天，有個客官跟索隆下戰帖，要他發明新調酒。

首先，他先用自己店裡的二重調酒（Duplex：乾、甜苦艾酒的混合）打底，再與柳橙苦精混合，加上一點琴酒和果汁，最後擺上柳橙皮裝飾。

這支雞尾酒不是因為地區（布朗克斯郡）而得名，而是因為當地動物園裡的動物。曾經有個酒保在那裡，對著一群「粉紅色大象」和其他「奇怪的動物」點頭，根據他的客人說，如果喝太多就會看到那些動物喔！

他的客人很喜歡在午餐時間喝布朗克斯。索隆說，餐廳一天就壓完一箱柳橙了。至於在其他地方，有些人則會把柳橙汁當作早餐喝酒的藉口，美國總統塔夫托（WilliamHoward Taft）也不例外。

布朗克斯（Bronx）

O 1.5 盎司琴酒

O 0.75 盎司柳橙汁

O 0.25 盎司甜苦艾酒

O 0.25 盎司乾苦艾酒

→加入冰塊搖晃，濾進雞尾酒杯，這樣早餐就大功告成啦！

300磅重的總統愛喝什麼酒？

現在的學生一想到威廉·霍華德·塔夫托（William Howard Taft），腦中就會浮現一個三百磅重的總統，正努力從白宮浴缸掙脫的模樣，不過在塔夫托的任期內，其實他更以暴飲暴食的習性聞名。

1911 年，塔夫托和聖路易市的神職人員開早餐會，他們當時喝了布朗克斯雞尾酒，這事兒引起軒然大波（雖然他們將這頓餐會稱為déjeuner，法文「午餐」之意，可能想要合理化大白天喝酒這件事）。

不過報導此事的《紐約時報》記者站在總統那邊，反而還暗諷教會人士不懂飲酒。記者說，如果他們讀過大學，以前念書時一定有接觸過雞尾酒吧！於是記者忍不住開始懷疑神職人員的教育背景。記者還寫道「以飲酒來說，美國的大學應該有盡到責任了吧。難道這些來自密蘇里的神職人員都沒念過大學？」

曾經甜到
曾被嗆到的酒？

回來講講威士忌吧。用威士忌打底的布魯克林（Brooklyn），不同於其他以紐約地名為名的雞尾酒，是經過多種嘗試才演變成現今的樣貌（其他紐約地名如「皇后區」、「史坦頓島」仍有待今後酒保詮釋發明）！

最早在布魯克林大橋靠近布魯克林的這頭，有間史密特咖啡店（Schmidt Cafe），店裡的辛辛那提市店員莫里斯・希格曼推出了一款布魯克林雞尾酒，是用「1品脫蘋果酒、薑汁汽水和加了一注不知為何而加的苦艾酒（absinthe）」製成的。

之後，紐約長島的拿索飯店想推出一款飲料，在裡面混了琴酒、乾/甜苦艾酒，再用一湯匙覆盆子糖漿提味。不過這種飲料太甜，客人接受度不高，甚至某位在華爾道夫飯店甜到被嗆到的酒保還說：「這麼甜！乾脆再配冰淇淋吃算了！」

最後，酒譜有了雛形，並開始於 1910 年左右出現在書上，這也就是我們現在所知道的布魯克林雞尾酒。

如果這支酒好喝（其實真的不錯啦！）其實也是因為這是改良版的曼哈頓雞尾酒，而且又經過了一世紀的演變。

布魯克林（Brooklyn）

⭕ 2 盎司黑麥威士忌

⭕ 1 盎司乾苦艾酒

⭕ 0.25 盎司瑪拉斯奇諾（maraschino）櫻桃酒

⭕ 0.25 盎司苦皮康酒（amerpicon）

→加入冰塊攪拌後濾進雞尾酒杯，以螺旋狀的柳橙裝飾，然後再討論到底布魯克林是不是新版曼哈頓？

布魯克林

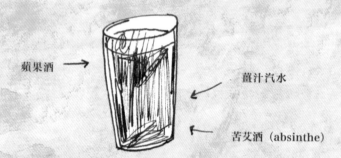

BROOKLYN

蘋果酒 →

薑汁汽水

苦艾酒（absinthe）

乾脆再配冰淇淋吃算了！

如何愛上威士忌？(美國版)

啊～威士忌啊，美國酒精飲料的精髓（如果拼成 whiskey 裡面有「e」的話）*。喝波本威士忌，可以聞到杯裡帶有琥珀香氣的穀粒、富有嚼勁的大麥口感還有玉米的甜味。裸麥威士忌則是波本「有點像又不太像」的遠親，是美國開拓精神的純淨蒸餾。

然而，想馴服好奇酒客的狂野精神，實在不簡單啊！因為很多人在喝下調得很爛的曼哈頓雞尾酒、威士忌加可樂之後，都會大減對威士忌的喜愛。

不過，要是你想要重新認識威士忌，或乾脆從頭來過，下列的雞尾酒可以滿足不同的口味需求，讓你恣意暢遊酒鄉喔！

---

* 威士忌美式拼法 whiskey，英式拼法為 whisky，差別在「e」。

WHISKEY   WHISKY

美國版   英國版

超級瑪格麗特

初學者：傑克玫瑰（Jack Rose）（P50）

好吧，其實這樣算小作弊——因為傑克玫瑰用的是蘋果白蘭地，根本不是威士忌。但是，把美式蘋果白蘭地拿來當入門還不錯，很適合之後進階品嚐波本那帶有木頭香的口感以及其他美式威士忌。石榴和檸檬組成的甜飲料，就算是最謹慎的初學者也能安全過關。快去喝一杯吧！

進階版：逆轉曼哈頓（Inverse Manhattan）（P13）

這經典曼哈頓真的很……經典！不過這一大杯幾乎都是威士忌，而且有時候不太適合正式聚會。調整比例，把苦艾酒和烈酒的比例調至2：1，就能做出順口的溫和調酒，連死硬派威士忌愛好者也會覺得這小酒不錯喔～

專家級：古典雞尾酒（Old-fashioned）（P9）

沒有其他答案，這就是正宗的雞尾酒！選一種烈酒，加糖、加一滴滴苦精，喝下去，你就會知道為何這酒譜流傳多年。

如果你還沒喝過，請馬・上・去・喝・吧！

馬丁尼、馬丁尼滋、乾馬丁尼的差別？

你老實說，是不是一拿起這本書就直接翻到這一頁？

我也不怪你，馬丁尼到處都是，幾乎成了雞尾酒的同義詞，而且大多數人覺得 V 型高腳酒杯就是馬丁尼酒杯，但明明這種杯子也能裝飛行酒（Aviation，P153）或是曼哈頓雞尾酒啊！

說到曼哈頓雞尾酒，如果你真的沒看前面就直接跳來這頁，我建議你還是把那篇貼個標記，之後回去看比較好。畢竟不管怎樣，就算是調酒王者也是從最基本的「威士忌、苦艾酒、苦精」開始學的。

現在有很多，嗯……「有目的」的酒鬼，把馬丁尼當作狂喝琴酒的藉口，搞不清楚狀況的傢伙愛吹噓自己多能喝馬丁尼，最後卻變成拚酒，喝下一杯杯冰涼琴酒，白白浪費其中的一絲絲乾苦艾酒！

如果景氣不好，這還算得上是不錯的飲料啦！但只能說是「冰琴酒」（Cold Gin）而不是馬丁尼！

其實，馬丁尼不僅好喝，糖也用得毫不手軟！

曼哈頓雞尾酒大受歡迎之後，酒保開始用苦艾酒和其他烈酒實驗調新酒，其中琴酒最受歡迎。

80 年代用的苦艾酒是甜苦艾酒，琴酒則用老湯姆（Old Tom）。老湯姆是英國傳入的，比較甜，比現在的倫敦琴酒（London Dry）還要圓潤，所以最早的馬丁尼其實是給女人喝的。

馬丁尼（Martini）

○ 1.5 盎司老湯姆琴酒

○ 1.5 盎司甜苦艾酒

○ 數滴柳橙苦精

口感想要細緻一點的，要用雷根（Regan）柑橘苦精；想要硬一點，就加安格仕（Angostura）柑橘苦精。

→加入冰塊攪拌，濾進酒杯，再隨意用螺旋狀柳橙皮或檸檬皮裝飾。

其實很多調酒師會加一點點糖漿，做出類似80年代的「馬丁尼茲」，但馬丁尼茲其實更以苦艾酒為中心，另外突顯黑櫻桃酒的杏仁蛋白味。

喝馬丁尼　一臉傲氣～

比白色晚禮服還經典的酒？

其實我知道你到底在找什麼，其實就是乾馬丁尼嘛！

乾馬丁尼顏色清澈，若再加上橄欖或螺旋狀果皮，就會比白色晚禮服還要經典。這些調酒會流行起來，是因為二十世紀之際，琴酒（尤其是我們現在當作標準琴酒的「倫敦琴酒」）開始在美國流行，因此馬丁尼變得愈來愈乾，其他調酒也是如此。

像曼哈頓雞尾酒這樣的調酒，早期都會亂加糖漿，但除了古典雞尾酒以外，以往無所不在的糖漿很快地都消失了，喜歡甜滋滋調酒的人開始被叫鄉巴佬，因為摩登都會酒客開始只喝「乾」的酒。

其實，不加糖更可以帶出酒類精煉的滋味，而且，如果你喝酒猛得像是當時的社會菁英，不加糖會讓你喝下十杯以上的肚子比較舒服。

櫻桃利口酒

糖漬櫻桃

我之前說過，竟然有些人認真地覺得調乾馬丁尼只要用琴酒和冰塊就好。

其實，乾苦艾酒的作用不像咖啡裡的糖，反而比較像花生果醬三明治裡的果醬。拿捏乾馬丁尼的比例是一種平衡練習，大家應該依喜好調出自己喜歡的味道，我講這話呢，是希望你兩種酒都能喝到啦（不能只喝一種啊）！

以我個人來說，我喜歡的乾馬丁尼是 1：1，也就是琴酒和乾苦艾酒各半。不過，我比一般人更喜歡苦艾酒，所以如果你太想喝，想到無法決定，就從基本的 2：1 開始吧。

馬丁尼茲（Martinez）

○ 2 盎司甜苦艾酒

○ 1 盎司老湯姆琴酒

○ 1 茶匙瑪拉斯奇諾櫻桃酒*

○ 1 dash 柳橙苦精

→加入冰塊攪拌，濾進杯中。再說一遍，加個裝飾不會少塊肉啦。

---

* 瑪拉斯奇諾櫻桃酒（Maraschino）：通常來自一個義大利Luxardo品牌，內含無去籽的馬拉斯加櫻桃，所以會有種杏仁味。這種櫻桃和融化糖果中的螢光粉紅櫻桃沒有關係，如果你櫃子裡有這種怪櫻桃，請不要加到調酒內，下次要做薑餅屋的時候再用。

OO7特務龐德調錯了什麼酒？

本書作者謙虛善良，不會隨意批評知名 OO7 特務龐德的品味。但讓我失望的是，四十年來，以愛喝馬丁尼聞名的龐德，他的飲酒習慣不但反傳統，而且還失智！*

因為：

1. 馬丁尼是用琴酒調製，不是伏特加。
2. 就算龐德的作戰技巧不如其他秘密情報局特工，他的品味也不至於差到如此地步吧！

「正常」的馬丁尼確實需要攪拌，略微冷藏、稀釋酒精，但也不是狂搖搖到冰塊碎掉咯咯響啊！因此，請你點馬丁尼時放過酒保，（不要自以為很懂馬丁尼）因為不是穿上禮服就得像龐德那樣激烈誇張的喝酒啊！

乾馬丁尼（Dry Martini）

O 2 盎司琴酒

O 1 盎司乾苦艾酒

→與冰塊攪拌，濾進杯中，再擺上一些裝飾（一般都是用檸檬，但我喜歡用橘子和其他比較軟的杜松子）。還有，與其把橄欖丟進杯裡，我還寧願吃下肚，不過如果你想要吃點鹹的，也是可以放橄欖啦。

---

* 愛酒人士多不滿電影中的龐德，因為他亂調馬丁尼，而且喝酒的樣子也不專業。

還好，2006年丹尼爾‧克雷格接拍《皇家夜總會》後，把龐德的品味詮釋的比較好。他把做作馬丁尼換成一本正經的「維斯帕」（Vesper）。謝謝你哦，龐德先生！

維斯帕（Vesper）

⭘ 3 盎司琴酒

⭘ 1 盎司伏特加

⭘ 1/2 盎司莉萊利口酒（Lillet Blanc）

→攪拌後（你看，這杯才需要攪拌）濾進雞尾酒杯中。

飛行　　馬丁尼　　曼哈頓

馬丁尼酒杯

馬丁尼，
調酒王者

在陽光燦爛的溫暖午後必喝的酒?

薄荷茱莉普（Mint Julep）來源歷史完整，但若你只是想自己調一杯來喝，以下的事情大可不需知道。舉例來說，你不需要知道什麼字在波斯文和阿拉伯文中原意是「玫瑰水」，也不用知道每年牛津大學都會表揚這位來自美國南卡羅萊納州的崔皮耶，感謝他替學生引進這款雞尾酒。當然，你更不需要特別去弄一個大銀杯，籌備一場馬賽，或穿上過時的泡泡沙西裝。

你要做的，就只是埋首薄荷葉間，透過碎冰，呼吸波本的美妙香氣～

你需要威士忌、糖和一些薄荷葉。但是，透過科學方法驗證，我鄭重宣布上述這些材料，必須搭配陽光燦爛的溫暖午後才會好喝！

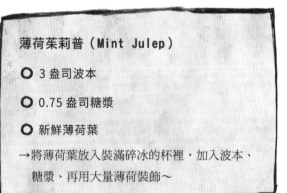

薄荷茱莉普（Mint Julep）

O 3 盎司波本

O 0.75 盎司糖漿

O 新鮮薄荷葉

→將薄荷葉放入裝滿碎冰的杯裡，加入波本、
　糖漿、再用大量薄荷裝飾～

隆重介紹～
薄荷茱莉普

偷偷跟你說：
最簡單的糖漿、柑橘類果汁做法

糖漿

糖漿就是糖加水。

本書的糖漿做法（幾乎所有酒譜也是如此）都是糖和水 1：1。

糖漿做法有兩種：

1. 水滾之後加糖攪拌直到溶解

2. 在瓶中倒入溫水和糖，搖晃直到溶解

我比較喜歡搖晃法，因為這樣要用馬上就有。如果用煮沸法，你要先把糖漿冷卻至室溫，以免調酒中的冰塊融化。

糖漿做好後放冰箱可以放一個月，甚至更久。

柑橘類果汁

柳橙汁、檸檬汁、萊姆汁之類的調酒用果汁都應該要現榨。如果要先大量榨汁備用，建議調酒前再榨，因為新鮮果汁幾小時後就會氧化，味道也會跑掉。

選購檸檬和萊姆時，要選皮薄、柔軟的，因為這種通常比較多汁。柳橙的話，瓦倫西亞品種（Valencias）超讚！

新鮮榨果汁

比美國副總統薪水還高的酒保調什麼酒？

1862年傑瑞・湯瑪斯（Jerry Thomas）出版了一本《如何調酒：品酒人的隨身書》（How to Mix Drinks, or the Bon Vivant's Companion）首開調酒先河。因為這本書，現今公認湯瑪斯就是調酒祖師爺，他本人好像也蠻自豪的樣子。

除了在美國各地酒吧研究調酒之外（舊金山、芝加哥、聖路易、紐奧良），他跑去歐洲時還帶上自己那套超有名的純銀調酒工具。

出書之後，湯瑪斯成為全美最大牌的酒保，要求比當時美國副總統還高的薪水，更在紐約大都會酒店、聖路易的普蘭特小館開設知名酒館。他到底以為他是誰啊！

湯瑪斯在自己的書序寫道，光是亮出自己名號就「足以代表完美」，又自比為英國最偉大詩人。湯瑪斯說：「莎士比亞有云：『好酒不怕巷子深』，要是喝上本人一杯酒，任何讚美都是多餘的廢話。」

傑瑞・湯瑪斯
酒保必備調酒指南

倒入果汁、糖漿、酒、冰塊

搖一搖

倒入

一定要點火配著喝才過癮的酒?

藍色火焰（Blue Blazer）做起來很危險，而且其實也沒有特別好喝⋯⋯

不過，在湯瑪斯的調酒聖經中，應該沒有什麼酒可以比藍色火焰更能完美展現大師天分了。為了向湯瑪斯致敬，有很多剛出來混的「調酒大師」可能會想調這款又黏又甜的蘇格蘭威士忌雞尾酒。

自己要調也是可以啦，只是要小心，不要把房子也順便燒掉了！

今天玩火，
非常危險～

不用把房子燒了也能做藍色火焰（Blue Blazer）的方法（兩杯份）

- ⭕ 4 盎司蘇格蘭威士忌（酒精濃度愈高愈好）
- ⭕ 3 盎司熱水
- ⭕ 1 茶匙糖（或一點糖漿）
- ⭕ 2 個馬克杯（強烈建議要有把手）
- ⭕ 火或是生火器具

1. 召集一些想大開眼界的朋友（而且要是鄰居逮到你把燃燒中的威士忌甩來甩去，你一定需要證人吧）！

2. 在馬克杯中倒入威士忌、水、糖。一般都是用錫杯或是銀杯，不過只要是耐高溫的杯子就好。可用鬱金香杯，開口廣、方便倒酒，而且有把手也很方便。

3. 把燈關上，準備聽朋友發出讚嘆聲吧！

4. 用已經點燃的火柴或打火機靠近馬克杯上方的酒精蒸氣，然後點燃酒杯。

5. 將燃燒中的酒在兩杯中倒來倒去，不要完全倒光，這樣兩杯之間才能形成火橋。接下來，就沉浸在客人的讚歡聲中吧～

6. 把酒全部倒進其中一杯，再用空的那一杯蓋上滿的那一杯滅火，然後再將酒倒進兩個小玻璃杯中。

7. 事後要確認火焰完全熄滅，窗簾沒有燒起來，你家貓咪也好好的。

8. 用螺旋狀檸檬皮裝飾，上桌。

注意：要玩火就要認真玩。請務必做好必要事前準備，像是誰負責幫你拍很威的照片，都要事先安排好。還有，調完酒之後再跟爸媽或是憂心忡忡的另一半報備吧！

哪款酒沾滿了血，命運曲折？

這支又甜又澀的傑克玫瑰（Jack Rose），是最順口的經典調酒之一，它的由來曲折，充滿血腥。故事是這樣子的：

「大膽的傑克・羅斯」（Jack Rose）是個幫派分子、撲克老千，也是名槍手，1910年他替紐約警局掃賭分隊隊長（邪惡的查爾斯・貝克中尉）工作，殺了賀曼・羅森塔。

羅森塔呢，因為他積欠警察貝克一筆保護費，導致自己失去性命。這起謀殺由傑克精心策劃，後來在引人注目的謀殺審判中，他變得小有名氣，因為他和檢察官交換條件，自己無罪開釋，卻讓貝克及其他四個冷血殺手坐上電椅。*

好吧，上述說法聽聽就好。不過，真的是有這起事件和審判，只是酒名更可能起源於飲料本身的美麗玫瑰色（玫瑰品種是傑克莫特，Jacquemot）。這種雞尾酒非常高貴，曾經是鍍金年代曼哈頓上流宅邸的高級宴會飲料。

---

* 掃賭分隊隊長貝克利用權力收保護費，快活不下去的羅森塔
　指控貝克濫用職權，貝克不滿，於是派人取命。

傑克玫瑰（Jack Rose）

O 1.5 盎司蘋果白蘭地（Apple Jack）

O 0.5 盎司檸檬汁

O 0.25 盎司石榴糖漿

→滿臉猙獰地搖晃雪克杯，再濾進雞尾酒杯中～

哪個退休的總統跑去釀酒？

美國剛建國時，凡事都比較簡單。

那時候沒有調酒，大家喝酒都是喝烈酒、純酒或是加一點點水配著喝，而且不管政客或百姓，都喝得很隨性。那時一般人喝的量比現代人還多三倍。所以，建國總統退休離開白宮，跑去釀酒也很合情合理喝。

喬治・華盛頓退休後在自己位於維農山莊＊的莊園，開創了裸麥威士忌蒸餾事業，後來成為全美最大酒莊，一年可生產 11,000 加侖的威士忌。

他應該是世界上第一個從戰爭英雄轉變成民主之父，後又變成酒商的人吧！

＊ 維農山莊：喬治・華盛頓的故居，位於美國維吉尼亞州北部的費爾法克斯郡。

維農山莊

總統夫人的特調配方

歷史學家告訴過我們：只要說「這個華盛頓吃過哦！」客人就會立刻想買。還好，華盛頓真的也愛喝酒，啤酒、裸麥威士忌，以及多款潘趣酒（Punch）酒譜都在華盛頓家中輪番上陣過。

有一款比較沒那麼有名的調酒，總統夫人瑪莎・華盛頓（Martha Washington）有自己的獨家配方，那就是櫻桃甜酒（Cherry Bounce）。

櫻桃甜酒是一種基本款的浸泡酒，把酒和櫻桃長時間泡在一起，讓兩種味道互相融合。聽來老老實實的「浸泡酒」和感覺甜甜蜜蜜的「甜酒」，哪一個聽起來讓人比較想喝呢？

總統夫人瑪莎・華盛頓

櫻桃甜酒（Cherry Bounce）

⭕ 750 毫升波本或白蘭地

⭕ 1 夸脫櫻桃

⭕ 1 杯糖

→將上述材料放進一個大罐裡（有蓋子的那種），讓味道混合至少一個月以上（不過愈久愈好）。等到沒耐心的時候，就可以打開不兌水純喝了。

櫻桃是風味關鍵，所以我會用夏季時期（櫻桃產期）的酸櫻桃，然後等到假日再打開來喝。你可能會想在製作時多加點糖，但是要降低甜度比增加困難，所以一開始只加一杯比較好。有些人為了增添風味，會加多香果或是肉荳蔻進去，但是這樣一來，櫻桃的味道就會全部不見了。

要愛她，就愛她原本的模樣嘛！

櫻桃甜酒

雞尾酒跟雞尾巴有什麼關聯？

在調酒史上，女酒保的命運飽經波折，不管是同行、顧客，還是最高法院，都是罪魁禍首。儘管1920年女性得到投票權，但許多州仍然到50、60年代還禁止女性從事調酒行業。

美國女酒保的歷史？那可以追溯到美國建國時期。

貝蒂・福勒娜根（Betty Flanagan）是十八世紀晚期紐約旅館的老闆娘，她孤家寡人，丈夫死於獨立戰爭。她呢，其實本身很獨立，而且非常討厭英國人，所以當然連她的英籍養雞鄰居也順便一起討厭。

某個晚上，一群美法聯軍士兵抵達貝蒂的旅館，除了住宿外，還帶了一隻活蹦亂跳的公雞（很奇怪，我知道！）貝蒂開心地替房客準備大餐，除了準備豐盛的餐點外，還上了一輪好酒，且每杯都用雞尾巴的羽毛攪拌。

當天晚上，士兵們舉杯慶祝打了一場漂亮的勝戰，因為他們擊敗了陣容堅強的英軍，舉杯歡呼時，每個都大呼小叫地要貝蒂「再來一杯雞尾——酒」！

喝完日記都會空白三頁的酒？

其實啊，大碗公裡裝滿酒、糖、柑橘類果汁、調味料的做法比雞尾酒還早了好幾世紀，所以光是潘趣酒（Punch）這主題，就能寫好幾本書（其實也真的有很多本了）。因此，如果本書只能有一個潘趣酒譜，就講講美國最早、最大的潘趣酒之一吧！

魚缸潘趣（FishHouse Punch）是在美國最老的聯誼俱樂部「斯庫爾基爾河之友」發明的。此會在1732年創立於費城，正如其名，「斯庫爾基爾河之友」是個釣魚社團，因此會員們時不時會把釣竿放在河面上過個水，看看能否釣到魚～

然而，最廣為人知的，其實是他們辦的豪華派對。根據歷史記錄顯示，與其說社員是打獵高手，倒不如說是美食行家。

有許多名流極其喜歡這個俱樂部，會員包括參議員、大使、外國權貴、商業鉅子，還有十位美國總統（起碼到1905年為止）。

第一位加入俱樂部的總統是喬治‧華盛頓，俱樂部最喜歡的成員也是他，因為每次開始喝魚缸潘趣前，都要向美國國父敬酒！

既然魚缸潘趣是俱樂部的正字標記，每次辦活動當然也少不了它！（通常它也很大碗）而華盛頓每次參加俱樂部紀念晚宴後，日記通常都會空白三頁，可能是要花三天恢復才能酒醒吧！

在年度晚宴中，會員們最愛的儀式之一就是讓每位成員的大兒子接受「洗禮」，也就是要泡在最珍貴、裝滿正宗潘趣酒的瓷碗裡。不過從歷史記錄看來，很難知道只要象徵性的喝一口，還是整個人完全泡進去。但是不管你想怎麼做，千萬別忘了調魚缸潘趣時做多一點，免得有人突然吵著要洗禮～

比較本書和歷史資料中的做法，你就能看出兩點不同：

1. 正宗潘趣酒不加茶和蘋果汁，只有酒、糖、檸檬。

2. 早期美國人使用的烈酒，是所謂的「桃子白蘭地」，與現代的含糖杜松子酒完全不同，而且現在已經完全買不到了。

以下的改良版酒譜把桃子換成蘋果，而且為了客人著想，也降低了酒精濃度，反正調得原汁原味又不能拿證書，只要好喝就好啦！

魚缸潘趣（社交版）（Fish House Punch）約50人份

○ 1 瓶 750 毫升的淡香蘭姆酒

○ 1 瓶 750 毫升的黑蘭姆酒

○ 1 瓶 750 毫升的蘋果白蘭地

○ 2-3 杯糖漿

○ 2-3 杯檸檬汁（大約14顆檸檬）

○ 3-4 杯冰茶

○ 3-4 杯蘋果汁（apple cider）

魚缸潘趣

調酒器具怎麼買？

如果你是個購物狂，為自家酒吧添購花俏的調酒棒、隔冰器、雪克杯、量酒器以及其他你想得到的器具，這個清單是沒有極限的（玻璃器皿更別說了）！

但若反過來說，如果你走極簡風，那你也只需要一個量酒器和湯匙，就可以輕鬆調出古典雞尾酒啦！如果你又有雪克杯、隔冰器，那大部分的調酒就難不倒你了！

以下是自家酒吧必備器具，分為三級，你可以隨意從任一等級開始，但我先警告你喔！調酒器具是會買上癮的～

你可能一開始只是想買一組雪克杯，但很快地，你就會發現居然花了整個週末在找一組經濟大蕭條時期的十八件潘趣酒玻璃組合。這種情況我最瞭了！

初學者：能做古典雞尾酒就好

想要調古典雞尾酒、曼哈頓、馬丁尼，以及多數的經典款，只需要四種器具就夠了，超過四件就都是假掰。

◯ 量酒器：單位就是關鍵，標準 1 個 shot 就是 1.5 盎司。量酒器要記得買有刻度的，而且買一個就好了。

◯ 波士頓雪克杯：就是個可以搖晃、混合飲料的大金屬杯，要混合的時候只要拿個啤酒杯套上去搖一搖就可以了，記得要買金屬的，因為金屬導熱快。

◯ 霍桑隔冰器：就是「有彈簧的那種」！這個名稱來自於發明者開的波士頓咖啡店……哎呀，自己去 Google 啦～

◯ 調酒匙：我是比較喜歡用筷子攪拌啦！不過調酒匙也可以拿來當作茶匙計算單位，一匙兩用。

量酒器

有刻度的量酒器

波士頓雪克杯

霍桑隔冰器

調酒匙

標準玩家：調酒就是要這樣玩

逛逛調酒器具專賣店（你家附近一定有一家，看吧！我沒說錯吧！），再看看他們的器具區，你很快會發現很多你想都沒想過會用到的玩具。嗯……其實你也會用得到！

- ⭕ **榨汁機**：用來榨果汁
- ⭕ **刨絲／研磨器**：刨要放在酒上裝飾的食材（其實也可以用蔬菜刨刀代替）
- ⭕ **壓攪棒**：免得有人想喝莫吉托（Mojito）
- ⭕ **濾茶器**：過濾冰渣
- ⭕ **擠瓶**：保存糖漿
- ⭕ **平底杯**：裝有冰塊的飲料
- ⭕ **高腳杯**：裝沒冰塊的飲料

開買囉～

榨汁機：用來榨果汁

攪棒：免得有人想喝莫吉托

量酒器皿組

刨絲器：處理裝飾用食材

霍桑隔冰器

調酒匙：攪拌

擠瓶：保存糖漿

波士頓雪克杯：窮人用的

平底杯：裝有冰塊的飲料

濾茶器：過濾冰渣

高腳杯：裝沒冰塊的飲料

錫杯

採～購！

好耶！

專業玩家：我全部都要買！

- 調酒棒
- 長玻璃杯
- 潘趣酒組合
- 錫杯
- 朱利普隔冰器
- 碎冰袋
- 三件式雪克杯
- 注酒器
- 冰夾
- 雞尾酒籤
- 汽水製造機
- 苦艾酒噴泉、湯匙
- 滴瓶
- 密封罐
- 紅酒櫃

細長玻璃杯

苦艾酒噴泉、湯匙

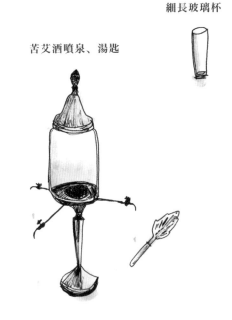

Shopping List

籃子
還空空如也？

69

苦艾酒噴泉＆湯匙

滴瓶

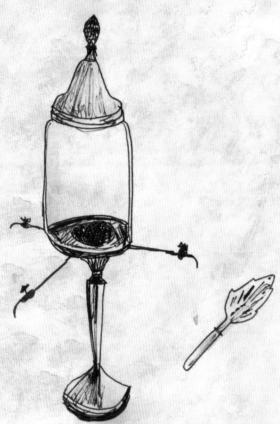

密封罐

紅酒櫃

朱利普隔冰器

錫杯

雞尾酒籤

細長玻璃杯

汽水製造機

如何用免洗餐具調出馬丁尼？

或許你剛搬家，東西都還在箱子裡，或是廚房真的空空如也，只有免洗餐具和1988年的海洋世界塑膠紀念杯。但別擔心，只有這些東西照樣可以做出馬丁尼！

首先，把海洋世界紀念杯裝滿冰塊。在海洋世界紀念杯中，倒入 2 盎司琴酒、1 盎司乾苦艾酒（要是沒有測量工具，可以一邊倒酒，一邊慢慢唸出「海洋世界紀念杯」，這樣是 2 盎司。1 盎司的話只要唸「紀念」就好）。

然後，用免洗餐具的筷子攪拌（如果沒有筷子，可以改用塑膠棒，或海洋世界紀念杯的吸管）。

蓋上海洋世界紀念杯杯蓋，把飲料從吸管口倒進你最喜歡的杯子裡，不管是咖啡杯、穀片碗都可以，然後開喝吧～

海洋世界紀念杯

海洋世界紀念杯

一根筷子或一根塑膠棒

紀 念 ～

滋味就像是驚見奇幻生物的酒？

起死回生一號（Corpse reviver）混的很奇怪，裡面有白蘭地、甜苦艾酒、蘋果白蘭地，難怪一號乏人問津，二號才真的「起死回生」。

第一次喝下起死回生二號，滋味就像是驚見奇幻生物。那種奇異、超越一切的經驗讓人想要吟詩唱歌。在這杯液體詩歌裡，白朗麗葉酒與艾碧思小精靈在開滿橙花的無邊草原上漫舞，跳著華爾滋，跳過只有夏至和無限蒼穹的世界～

哎呀，我不想老王賣瓜，你自己喝喝看吧～

起死回生2號（Corpse Reviver#2）

- ◯ 0.75 盎司琴酒
- ◯ 0.75 盎司君度橙酒（Cointreau）
- ◯ 0.75 盎司白朗麗葉酒（Lillet Blanc）
- ◯ 0.75 盎司檸檬汁
- ◯ 1 dash 苦艾酒（absinthe）

→加入冰塊搖晃，濾進杯中，喝下這杯靈藥，擁抱極致感官享受。當初倫敦知名飯店薩伏依的哈利‧奎拉達克會發明這款張力十足的酒，就是為了一解宿醉。不過，「起死回生」召喚出的至福不僅能消除你的宿醉，也能讓你忘記這個邪惡的世界。

賣真酒賣出名聲的跑船人？

美國禁酒時期，阿帕拉契（Appalachia）的私酒釀造者為了要跑贏追緝者，於是想盡辦法減輕車輛重量，把一般車改造成為賽車。

但其實，真正上好的烈酒都是從加勒比海靠船運大批走私進來的，因為那裡仍然可以合法取得酒類（從那走私的酒如威士忌、琴酒、蘭姆酒等有個額外的安全優勢，就是裡面一定不含有毒添加物，例如甲醛）。

不過比爾‧麥考依（Bill McCoy）本人根本不喝酒。他製造帆船、跑貨船，當他的生意走下坡時，他發現海運走私酒類有利可圖。

後來他賣真酒賣出名聲，名字也成為「正宗」的代名詞，因而開始有「the real McCoy」（貨真價實的麥考依）之稱。

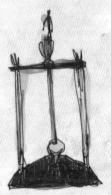

貨真價實的麥考依

真的有「喝了會變健康的酒」嗎？

如果你在想到底有沒有「喝了會變健康的酒」，我告訴你，還真的有！

1921年，一個叫法南·薄丘（Fernand Petiot）的巴黎佬發明了血腥瑪麗（Bloody Mary），裡面完全濃縮了整座食物金字塔。

來看看裡面的材料吧～

番茄？有人說那算蔬菜，有人說算水果，當作兩樣都是吧！

鹽？如果每天攝取量沒超過 180 毫克，你可能會死翹翹哦！

伍斯特醬*？應該存在於食物金字塔某處，大概在某個角落吧。

酒精？酒精是關鍵必備的社交潤滑劑啊！

辣椒？幽默就靠它了！

調製完後用芹菜裝飾，我打包票向你保證，血腥瑪麗可以延年益壽！

說到裝飾的蔬果，裝點血腥瑪麗需要發揮最狂野的想像力。拿根牙籤，去廚房找點鹹的小菜，來點綴這杯火紅的酒吧！如果需要靈感，可以轉轉這個俄羅斯輪盤（如下頁）。

---

* 伍斯特醬（Worcestershire sauce）：一種英國辣醬油，味道酸甜微辣，色澤黑褐。伍斯特醬是藥劑師李（John Wheeley Lea）和派林（William Henry Perrins）在英國伍斯特郡研發而成的一種醬汁。

小菜轉盤

- 芹菜
- 胡蘿蔔
- 醃漬秋葵
- 醃漬洋蔥
- 橄欖
- 牛肉乾
- 橄欖包大蒜
- 蝦子
- Old Bay seasoning 調味料

- 起司塊
- 洋芋片
- 橄欖（另外撒上感覺像果凍但其實是辣椒的小紅塊）
- 左宗棠雞
- 檸檬切片
- 萊姆切片
- 熱狗麵包

血腥瑪麗（Bloody Mary）

○ 6 盎司番茄汁

○ 2 盎司琴酒*

○ 1-7 dash辣椒醬

○ 1-3 dash伍斯特醬

○ 一撮鹽

○ 一撮黑胡椒

○ 辣根（非必要）

→上述材料全部加入一起搖晃，倒在冰塊上。血腥瑪麗
是醒酒飲料，所以你只要在玻璃杯裡攪拌就好，這樣也可
以少洗一個碗。攪拌均勻，以免辣根沉在底部，不然
最後一口的燒灼辣度會讓你嚇一跳喔！

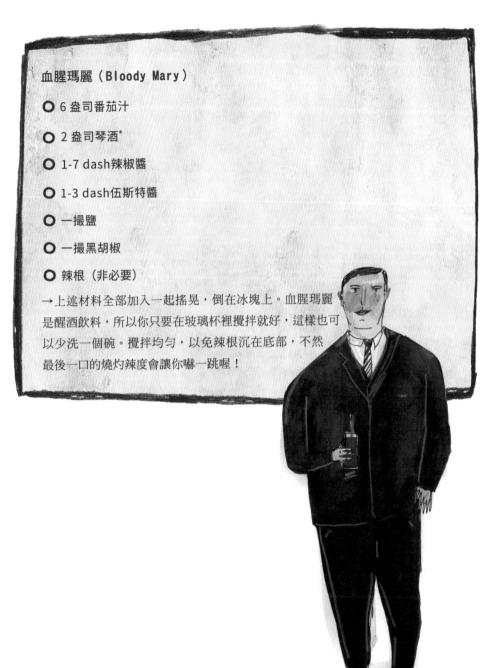

* 我知道啦，應該用伏特加，不過琴酒比較好喝！

寂寞的伏特加柳橙汁

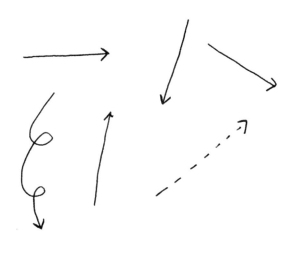

本書送印的時候，維基百科上的「螺絲起子」（Screwdriver）是一張照片（阿拉巴馬機場裡的一個仿木桌子上拍的），桌上擺了一個平底杯，裡面是渾濁不清、淡黃色的混合液體。

在這種悲慘情況下，饑渴的旅客別無選擇，只好喝下這杯寂寞的伏特加柳橙汁。不過隨著時代的進步，現在你要是想找杯雞尾酒，好好品嚐甜到令人噘嘴的柳橙，容我向您介紹「含羞草」（Mimosa，請見下頁）

巴黎高級飯店的早餐都配什麼酒？

班乃迪克蛋*、甜香腸、貝果、奶油乳酪、鋪滿草莓的鬆餅，再搭配一杯剛煮好的咖啡，這樣的豐盛大餐，要是搭配廉價香檳和柳橙汁的話，可能會讓你丟臉，不過還好可以避免！

想想看喔，其實，世界級的週日早餐盛宴也可以是簡樸之美的展現。
三〇年代，含羞草（Mimosa）首度現身於巴黎飯店中，不過要等到六〇年代開始才普遍成為早餐配酒。含羞草的酒譜比較像是「建議做法」，而不是固定比例。早期的含羞草通常是一杯柳橙汁配上一點點的香檳而已，現代人比較懂酒後，才開始改變調酒比例。

由於含羞草只會用到兩種配料，所以調製時絕對要特別小心。香檳酒標不用一定是要大寫 C 開頭（來自法國香檳區），但是單喝時一定要夠好喝，而且口感愈乾愈好！

水果的話，市場中的瓦倫西亞橙樸實無華，但果汁風味豐富，勝於外表浮誇的其他橘類。還有，要是你想來點異國風味，我可從來沒聽說誰會拒絕加了血橙或橘柚的含羞草！你的客人應該也會接受吧。

---

* 班乃迪克蛋（Eggs Benedict）：又稱火腿蛋鬆餅，以英式瑪芬為底，配搭火腿或醃肉、嫩蛋和荷蘭醬。

含羞草（Mimosa）

○ 2 盎司現榨柳橙汁

○ 4 盎司香檳

→將柳橙汁倒進香檳杯中，喝下啵啵啵的快樂氣泡吧～

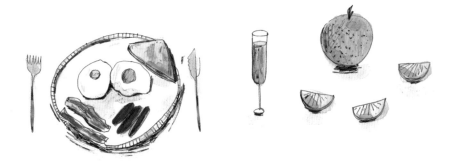

含～羞～草～

以義大利文藝復興畫家貝里尼命名的酒？

認真研究的話，你會發現，世界上幾乎所有水果都和香檳很搭，但是白桃冰冰涼涼的風味，才是讓貝里尼（Bellini）登上早餐吧台第一名寶座的材料，它就和柑橘類調酒一樣出色。

貝里尼最早可追溯到 1948 年的威尼斯，首見於當地高級「哈利酒吧」。傑塞皮・崔比亞尼（Giuseppe Cipriani）加了一點點的白桃果泥到香檳杯裡（香檳品牌為普羅賽柯 Prosecco）。

喬瓦尼・貝里尼

後來，調酒的粉紅色色澤讓他想起義大利文藝復興畫家喬瓦尼・貝里尼（Giovanni Bellini）的色調，因而把這杯調酒命名為貝里尼～

說到哈利酒吧，它可是個名人的避難所，從卓別林到卡波底（Capote），海明威到希區考克，都是常客！

但這裡的出名酒菜不止一樣，而是兩樣，另一道知名菜餚是薄切生牛肉（carpaccio）。貝里尼的創意發明可能會讓你想調整調酒比例，但是原創貝里尼的簡單風味，可是很難超越的。

桃子果泥罐頭

貝里尼

貝里尼（Bellini）

○ 尖尖一湯匙的白桃果泥*

○ 4 盎司普羅賽柯氣泡酒（Prosecco）

→將白桃果泥放入香檳杯中，再倒進普羅賽柯氣泡酒。

食物處理機

---

* 高檔超市裡一定有賣白桃果泥，但是自己在家做也很簡單。只要將成熟的桃子剝皮、去籽，再
用果汁機打爛就好。本書提到的傳統做法使用軟綿綿白桃，但是圓滾滾黃桃也不錯。如果桃子
沒有自己想要的那麼甜，在果泥中加一點蜂蜜也可以彌補美中不足。

酒精連續重擊的效果就像大砲一樣的酒？

「法式75」（French 75）是一戰時期的調酒，但這名稱應該不太可能起源於1897年的七十五釐米機械砲啦！這種大砲可以快速發射，有點像是桌遊「戰國風雲」裡的改良版大砲。

比較好玩的是，法式75會讓你想一杯接一杯地喝下肚，而且它的重擊的效果就和大砲一樣。酒譜本身呢，法式75就是個創舉，絕對值得客官們的注意！

這杯飲料不但偏酸，還有加香檳，基本上就像個 Tom Collins，只是用香檳取代了氣泡水。這樣的調整令人不禁好奇，還有什麼好調整的呢？已經這麼精彩了！

法式75（French 75）

⭕ 1 盎司琴酒

⭕ 0.5 盎司檸檬汁

⭕ 0.5 盎司糖漿

⭕ 3-4 盎司香檳

→加入琴酒、檸檬汁、糖漿及冰塊後搖晃，倒進雞尾酒杯中，最後再倒入香檳。

- Material de 75 mm Mile 75 - gun.

1897

75 75
75 75 75
75
75

戰國風雲

有「自我療癒」功能的酒?

琴通寧（Gin & Tonic）！

十九世紀初期，也就是神仙教母*首次開出「一湯匙的糖」當藥方的一百多年前，在印度的英國殖民者就知道用烈酒當藥方治病，還把琴酒算進補給糧食裡。

那時的通寧水比現在的還苦，裡面是用氣泡水、糖、奎寧萃取物調製的，可用來抵抗熱帶南亞的瘧疾。現代通寧水奎寧含量比較少，不過還是有「自我療癒」的功能啦！

琴通寧（Gin and Tonic）

〇 2 盎司琴酒

〇 4 盎司通寧水

〇 半顆萊姆

→將琴酒和通寧水加入已有冰塊的細長玻璃杯中，擠點萊姆丟進去。當然，也可以都不管比例，自己想怎麼喝，就怎麼喝。

---

*神仙教母：迪士尼真人動畫作品《歡樂滿人間》（Mary Poppins）劇中的主角。該劇改編自澳洲兒童文學作家P.L.卓華斯的同名小說，是迪士尼至今奧斯卡獎提名最多、得獎最多的電影（十三項提名、五項得獎），此片另被多次改編為舞台音樂劇。

喝了不會得壞死病的酒？

為了避免在海上航行時得壞血病，水手們發現了一種調藥酒的必備原料：萊姆汁！

根據 1867 年的商船法規定，皇家海軍補給品中一定要有萊姆汁。軍方因此向蘇格蘭的拉格林・羅斯（Laughlin Rose）求助，請他製造出帶有甜味、能在航行時久藏的濃縮萊姆汁。

琴蕾

製作完成後，不改本性的英國海軍又在羅斯的萊姆汁裡加了琴酒。這樣精彩的搭配可要歸功於海軍軍醫托馬斯・琴蕾（Thomas D. Gimlette），所以說今天我們有琴蕾（Gimlet）可喝，都要感謝他！最後這位良醫還當上皇家海軍總軍醫，由此可知，他開的處方籤還是很有用的～

琴蕾（Gimlet）

O 2 盎司琴酒

O 0.6 盎司的羅斯VARose）萊姆汁

→搖晃後濾進雞尾酒杯中，邊做要邊唱《皮納福號軍艦》（H.M.S. Pinafore）*
主題曲哦！

萊姆

*《皮納福號軍艦》：是一部兩幕喜劇，由阿瑟‧薩利文作曲、威廉‧吉爾伯特創作劇本。
1878 年 5 月 25 日在倫敦首演，連演 571 場，是當時所有音樂劇院連演場次第二多的歌劇，僅次
於《科爾內維爾的鐘》（Les cloches de Corneville）。

喝起來跟松樹一樣的琴酒 有話要說?

以下都是我聽過對琴酒的霸凌:「喝起來跟松樹一樣啊!」「這是木材光亮劑吧!」,還有「這是阿公刮完鬍子後擦的潤膚水?」

琴酒啊,我告訴你,如果這些人無法理解你內在的芬芳、華麗的高度、嗆辣的熱情C那你也不用理這些人了!只有真朋友才知道你和乾苦艾酒的結合之美,才能發現你最真的樣貌啊!

儲藏室裡擺一瓶琴酒,不代表只能做馬丁尼。倫敦琴酒也能曼妙地搭配葡萄酒基底的開胃酒(如莉萊利口酒,Lillet),或是草藥系烈酒(如蕁麻酒,Chartreuse)。

另外,琴酒是水果的好朋友,加一滴琴酒到「皮姆之杯」(Pimm's Cup)裡,最能激起草地雞尾酒的活力,增添一股強而有力的風味。

愛上琴酒的方法

初學者：皮姆之杯（P132）

皮姆之杯本來就是用琴酒打底的，所以用普通的琴酒加重口味，可能喝起來會更像「松樹」。調配時按照原本的比例，另外加上0.75盎司的琴酒，然後再擠一點檸檬汁進去，就能平衡琴酒的辛味～

進階版：起死回生2號（P75）

我之前就大力讚頌過這款酒了，為什麼「起死回生」特別吸引我？現在輪到你試試看了！

專家級：遺言（P155）

「遺言」（Last Word）是1920年代的調酒，之前曾遭大眾短暫遺忘，不過最近又找到方法重返現代酒單。黑櫻桃酒和夏翠絲香甜酒（Chartreuse）都是甜酒，甜得超怪。前者帶有櫻桃籽的杏仁怪味，後者則有古怪草藥的藥臭味。但是兩者混合竟然創造出一種新奇、提神的風味，而且非常非常提神～

海盜特調的酒？

從歷史記錄可知，海盜確實十分喜歡蘭姆酒，但是除了耍耍英雄氣概以外，有些海上梟雄竟然也對烈酒相當講究，甚至還想到用萊姆、糖、薄荷等花俏原料製作。

早期時候，海盜們把這些材料加進「藥酒」（Aguardiente）之中（Aguardiente，在西班牙文中有「火加水」之意），並以法蘭西斯‧德瑞克爵士命名，稱這支酒為「Draque」。

對英國人來說，他是船長、英雄；但對西班牙人而言，他只是個不法之徒。隨著時間的過去，愈發精煉的蘭姆酒取代了藥酒，成了今天的莫吉托（Mojito）。想把這杯當成藥來喝的人，容我提醒你一下，雖然德瑞克是航行全球的世界第二人，但最後他還是不敵痢疾，所以喝下杯中的薄荷和萊姆，也不算是有吃青菜喔！

莫吉托（Mojito）

- ○ 2 盎司淡蘭姆酒
- ○ 0.5 顆萊姆，切成片狀
- ○ 2 茶匙糖
- ○ 10 片（以上）薄荷葉
- ○ 氣泡水

→將萊姆切片和糖倒入細長玻璃杯中混合，這樣不但可以萃取果汁，也可以逼出鎖在果皮裡的芬芳油分。薄荷葉不需混入，只要用手搓搓，稍微擠壓，再倒到杯子裡。之後再加入冰塊、蘭姆酒，攪拌後倒進氣泡水，不久之後你會發現自己在跳舞，搖咧～搖咧～

法蘭西斯・德瑞克爵士

坐側車上班的服務生 喝什麼酒?

調酒是美國對文化的最大貢獻之一,和爵士樂、棒球一樣具有指標性(藝術的貢獻可以再寫成一本書)。但是呢,史上最重要的調酒之一,不但不是發源於美國,還會讓美大國主義者打冷顫!

「側車」(sidecar)來自法國,這杯甜滋滋的白蘭地調酒,首見於一戰時期的巴黎麗池飯店,還是特地為了一個怪咖服務生而做的,因為他這號人物只坐側車上班。

側車車型不對稱,可能不適合每個人,但你若只想在腦海中記得一杯調酒,就記住這杯吧!側車的飲料比例就是「烈酒＋柳橙利口酒＋柑橘類果汁」,反正就是所有調酒的基本公式,包括瑪格麗特、神風(Kamikaze),還有飽受抨擊的柯夢波丹(Cosmopolitan),其實啊,如果沒有假糖漿攪局的話,柯夢波丹也是又甜又好喝～

側車家族

	烈酒 3	柳橙利口酒 2	柑橘類果汁 1
側車	白蘭地	君度橙酒	檸檬
瑪格麗特	龍舌蘭	君度橙酒	萊姆
神風	伏特加	橙皮酒	萊姆

搖晃 & 過濾

哪支酒以性感舞女命名？

關於瑪格麗特的傳說太多，要是寫成一本書的話，可能會重到你沒辦法單手
拿起來。

雖然這些傳說都沒經過認證，但我最喜歡的是以下這個版本：
1940 年代，在墨西哥提華納市的某個知名外國酒吧中，有個酒保從舞女瑪格
麗特（Margarita Carmen Cansino）身上得到了調酒的靈感，調成這一款又酸又
辣的飲料，裡面混了龍舌蘭、柳橙利口酒和萊姆～

後來瑪格麗特（好啦，這部分開始是真的！）以藝名「麗塔・海華斯」（Rita
Hayworth）走紅，演出《吉爾達》（Gilda）、《百老匯天使》（Angels Over
Broadway），以及 1941 年翻拍的《血與沙》（Blood and Sand）。

不過要到 1970 年代，龍舌蘭開始流行後，瑪格麗特才開始紅起來，後來不管是高級派對、二流餐廳，都可以點到這支調酒。

而且你知道瑪格麗特還有什麼優點嗎？我跟你說～ 如果你會做側車 (P102)，那就等於會做瑪格麗特了。這兩個酒譜都一樣，只是把白蘭地和檸檬換成龍舌蘭和萊姆而已！

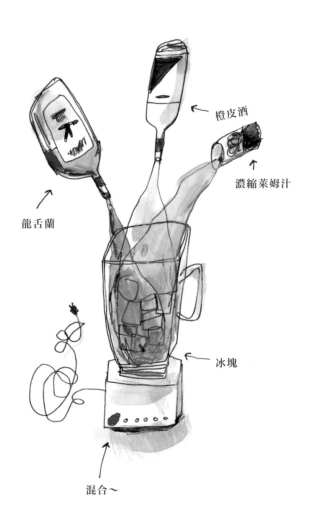

橙皮酒

濃縮萊姆汁

龍舌蘭

冰塊

混合～

血與沙

適合勾心鬥角的調酒是哪一款？

魯道夫‧范倫鐵諾（Rudolph Valentino）在1922年《血與沙》中飾演一名窮困青年，後來因為成為西班牙偉大鬥牛士而成名。然而，少年得志使他縱慾過度、酗酒、陷入三角戀情，最後還毀了自己的婚姻。他的人生開始走下坡，鬥牛生涯也以失敗告終。

在電影結局裡，他還被牛角刺穿。

後來，1920年代某位不知名的酒保對禁酒令的教訓嗤之以鼻，以這杯名稱不祥的調酒紀念這部片。

調血與沙的材料組合蠻怪的，但是絕對適合勾心鬥角～

血與沙（Blood and Sand）

○ 1盎司蘇格蘭威士忌

○ 1盎司甜苦艾酒

○ 1盎司希琳櫻桃香甜酒（Cherry Heering liqueur）

○ 1盎司柳橙汁

→搖晃（像抖一抖鬥牛士的披風那樣），再濾進雞尾酒杯中～

魯道夫・范倫鐵諾

如何愛上龍舌蘭？

不管瑪格麗特多努力想要提升龍舌蘭在主要烈酒中的地位，還是都被一杯杯的 shot 和冰沙機贏去了。但是，龍舌蘭風味多變，種類繁多，還是值得多多探索！

沒錯，像是白色龍舌蘭喝起來口感分明又帶鹹味，讓人想加片萊姆，但是加點葡萄柚汁、黑莓果汁，甚至是蘋果汁（一定要加！）也會讓白色龍舌蘭變得很好喝。還有啊，陳年的añejo*（放在橡木桶裡一年以上的）也是風味十足，所以調一杯舒服的古典雞尾酒時，不妨把威士忌換成 añejo 龍舌蘭吧！

---

* Añejo: 西班牙文原意為「陳年過的」。只要是在橡木桶中陳放的時間超過一年以上，都屬於此等級，沒有上限。雖然規定只要超過一年的都可稱為 Añejo，但高價產品仍是少數。一般來說，專家們都同意龍舌蘭最適合的陳年期限是四到五年，超過此年限的酒，酒精會揮發過多。

初階版：帕洛瑪（PALOMA）（P138）

這杯簡易版的調酒有個好處，如果想要喝甜一點的，可以加多一點葡萄柚汽水，當然，想要加多一點龍舌蘭也是可以啦～

進階版：龍舌蘭加薑汁啤酒、蘋果酒

現在有不少調酒師用自己的比例調出自己的版本，不過基本概念還是一樣的。找杯香料蘋果酒和最辣的薑汁汽水混在一起，龍舌蘭就能帶出自己的火辣口感，同時又可以喝出徹底的秋天風味。

其實這款酒沒有固定比例，只要把龍舌蘭、薑汁汽水、蘋果酒倒進已裝有冰塊的細長玻璃杯就好了。

專業版：龍舌蘭版古典雞尾酒（P9）

做古典雞尾酒不是只能用威士忌，也可以用糖和苦精替所有的酒類調味。如果用龍舌蘭調古典雞尾酒，要把糖換成龍舌蘭蜜（龍舌蘭蜜是龍舌蘭的底）。

若是你想來場真正的品酒體驗，可以同時做兩杯古典雞尾酒，一杯用未陳年的白色龍舌蘭，一杯用 reposado* 或 añejo，就能體會龍舌蘭風味的博大精深。

---

* Reposado：西班牙文「休息過的」之意。此等級的酒放置在橡木桶中兩個月至一年。在木桶中存放通常會讓龍舌蘭酒的口味變得較濃厚、複雜一點，因為酒會吸收部分橡木桶的風味與顏色，時間越長顏色越深。目前此等級的酒占墨西哥本土龍舌蘭銷售的最大宗，市場占有率達六成。

Shot 杯大集合

平衡報導：
禁酒聯盟負責人的故事

我身為調酒書作家，沒什麼資格教訓別人酒精對我們的影響。但是為了平衡報導，我還是提一下瑪麗·杭特（Mary Hunt）吧。

她是十九世紀禁酒運動領袖，受過良好教育，是馬利蘭州帕塔普斯科女子大學的學生，後來她在該校擔任自然科學教授，研究酒精對人體的影響。最後，她成為基督教婦女禁酒聯盟負責人，帶頭推動學校的反毒、戒酒教育～

現在我經常克制自己喝酒，有時候克制個幾小時吧。為了那段乾枯又辛苦的時光，我都會調以下這種飲料。

薰衣草蜂蜜檸檬水

○ 1 杯蜂蜜水（蜂蜜和水比例1：1）

○ 0.5 杯糖漿

○ 0.5 杯檸檬汁

○ 5 杯水

○ 1 撮鹽

→全部倒進冷水壺裡，用一束新鮮薰衣草和自以為是的道德感裝飾飲料。

鹽

檸檬

薰衣草

蜂蜜熊熊

糖漿

用野莓漿果特調的酒？

從小到大，我都以為黑刺李琴酒（Sloe Gin）就是那種在爸媽酒櫃裡，瓶蓋黏黏又積灰塵的那種酒。我認為那就是大人喝的酒，但是現在英國再度出口正港野莓琴酒了，還專門用野莓漿果釀製，風味真的很古怪，氣味也很強烈。

野莓約藍莓大小，讓人幾乎快吞不下去，不過，糖、酒精和時間能大幅轉變那股漿果味，使野莓變得更加美味。

黑刺李琴酒（Sloe Gin）

- 2 盎司黑刺李琴酒
- 1 盎司檸檬汁
- 0.5 盎司糖漿
- 氣泡水

→找一個細長玻璃杯，裝入冰塊，倒入上述材料，加入氣泡水。挑戰看看，看自己能喝多慢～

野莓

我 ♥ 酸酸的口感

為了感謝美國觀光客 而改名的酒?

美國佬（Americano）這杯酒得歸功於義大利釀酒師加斯帕雷・金巴利（Gaspare Campari）。而身為美國佬的我，為此永遠感激這位義大利先生～他另外創立了 GruppoCampari（餐前酒始祖），還有其他餐前酒像是…嗯…金巴利。這種餐前酒顏色鮮紅，果汁和果皮帶有糖果甜味和柳橙的藥草苦味。

美國佬是血紅酒類的精華，在細長玻璃杯裡倒進開胃酒和甜苦艾酒，再用氣泡水注滿，之後就可以得到一杯色彩繽紛的酒，非常清新、燦爛。其實金巴利先生以前在米蘭的酒吧裡把這杯酒叫做「Milano-Torino」，算是向家鄉和自己調的苦艾酒致意啦。等到世紀之交時，這種酒開始廣受喜歡調酒的饑渴美國觀光客歡迎，為了熱烈歡迎這些美國佬，義大利人因而改稱這杯酒「美國佬」。

美國佬（Americano）

○ 1.5 盎司金巴利

○ 1.5 盎司甜苦艾酒

○ 氣泡水

→將上述材料放進一個細長玻璃杯中，加入冰塊攪拌，再用柳橙切片裝飾，然後替美國前輩們感到驕傲～

真的很渴～

哪款酒你「碰不得」?

說到內格羅尼（Negroni），又得跟金巴利先生致意啦！
這杯酒是美國佬（P116）的延伸版，也跟許多調酒一樣，都是因為有個龜毛酒客
要求特調而誕生的，那麼這個客倌是誰呢？

他就是佛羅倫斯的伯爵內格羅尼（Camillo Negroni），有一天他突發其想，想
用琴酒讓他的美國佬更強勁。後來這杯酒開始流行後，自然就被稱為內格羅
尼了。哎呀，當伯爵就是有這個好處呢！

雖然我寫書盡量不偏不倚，但本人還是有些小偏見，希望你能明白。其中之一
就是，內格羅尼這杯調酒你「碰不得」，而且，在本書介紹的調酒之中，這杯
算是我的最愛。

我在此老王賣瓜一下，請你別見怪，以下是我的理由：

1. 因為很好喝：它還是有美國佬的甜味和一點點苦味，而且還帶有倫敦乾琴酒的辛辣靈魂～

2. 因為做法很簡單：只用三種材料，比例都是1：1。

3. 純喝或加冰塊？不管哪種方式都無所謂，反正都不可能變難喝。

此外，內格羅尼簡單歸簡單，還是能微調一些材料。比方說，經典調法就是用便宜好入手的 Martini & Rossi 苦艾酒和傳統的 Beefeater 琴酒和金巴利一起調。這樣口味較淡，味道融合的空間較大。

在比較冷的月分（或是手頭比較緊的時候），也可以換成絲滑的多林香艾酒（Dolin's vermouth）或是有杜松子味的 Junipero Gin，做出味道更狂野的版本。還有，要是你真的、真的很想給討人厭的客人一點顏色瞧瞧，乾脆把所有酒類都換掉吧。

內格羅尼（Negroni）

○ 1 盎司琴酒

○ 1 盎司甜苦艾酒

○ 1 盎司金巴利

→ 酒杯先加入冰塊，再把上述材料全部倒入杯中，以橙皮裝飾，然後再衷心感謝伯爵～謝謝喔～

加斯帕雷·金巴利

花花公子（Boulevardier）

- 1 盎司波本威士忌或裸麥威士忌
- 1 盎司甜苦艾酒
- 1 盎司金巴利

→酒杯先加入冰塊，加入上述所有材料，再以橙皮裝飾。

然後，感謝美國、感謝曼哈頓調酒給我們的靈感，威士忌量還多一倍哩！

老友（Old Pal）

- 1.5 盎司裸麥威士忌
- 0.75 盎司乾苦艾酒
- 0.75 盎司金巴利

→加入冰塊搖晃，濾進杯中，再以檸檬皮裝飾。

這樣調口味較淡，所以不加冰塊就很好喝。

Hanky Panky

O 1.5 盎司琴酒

O 0.75 盎司甜苦艾酒

O 0.5 盎司菲奈特·布蘭卡（FernetBranca）

→加入冰塊搖晃，濾進杯中，不用放裝飾。

像夜晚一樣黑、冬天一樣苦的菲奈特·布蘭卡增添了猛烈的薄荷風味。這杯算是很好的歡樂入門酒，但不常喝酒的還是別喝比較好！

內格羅尼錯誤版（Negroni Sbagliato）

O 1 盎司甜苦艾酒

O 1 盎司金巴利

O 2 盎司普羅賽柯氣泡酒或氣泡紅酒

→酒杯先加入冰塊，全部混合，並以橙皮裝飾。

「sbagliato」在義大利文中是「錯誤」的意思，但是把琴酒換成一點點香檳非常、非常正確！

適合淑女喝的酒？

除了法國人外，應該沒人比義大利人更在意葡萄酒了吧～

1786年，安東尼奧·卡爾帕諾（Antonio Carpano）想到可以拿一些義大利人引以為傲得過獎的白酒，加些糖、烈酒，還有女巫櫃子裡的神秘草藥、香料調出一杯經典。

那時，他想要調出一款比較優雅的酒類，更適合當時的女士飲用，因為當時的白酒很粗獷、很 man。

他的特調其實就是原始的苦艾酒，如果顏色是黃褐色或紅色，現在我們稱為「甜苦艾酒」。在卡爾帕諾開始賣自家調酒前，私家釀造苦艾酒其實是家常便飯，不過他調的酒很快地就稱霸義大利北部的杜林省了。

他在城堡廣場的葡萄酒店很快就變成了咖啡店*，而且店內總是擠滿了想喝特調的客人，不只是男性客倌，女酒客也是！每個都等不及一品酒香～

---

* 歐洲的咖啡店也能喝酒。

124

最常襯托法國醬料的酒?

義大利苦艾酒大受好評長達百年,現代知名的 Cinzano、Martini & Rossi*也開始造酒。這口氣,叫法國人怎麼吞得下去?

1855年,路易‧諾利(Louis Noilly)和英籍的姐夫克勞狄亞斯‧普拉特(Claudius Prat)接手父親的苦艾酒酒譜(那種苦艾酒偏乾,糖分和藥草的量比較少)。

或許是因為英法聯手,乾苦艾酒是現代最常拿來調琴酒、襯托法國醬料的酒類。而甜苦艾酒,你知道的,就只是好喝而已。算了啦,不用一定要選邊站嘛!

苦艾酒的苦味來自於艾草,也是酒名的來源。德國南部高地德語的苦艾為「Wermud」,所以苦艾酒才會稱為「vermouth」。

艾草

---

*1816年,Cinzano開始在義大利北部杜林(Turin)生產苦艾酒。其他產品包括甜的紅、白色的特乾型苦艾酒。MARTINI&ROSSI是國際最暢銷的苦艾酒品牌,總部在杜林,1863年開始同時生產乾苦艾酒和甜苦艾酒。

以酒客命名最著名的酒？

從側車到瑪格麗特，一堆調酒名稱都以酒客命名（似乎在教我們，要讓自己永垂青史，巴著酒保死纏爛打就對了）。在這些以酒客命名的調酒之中，最著名的或許就是瑞奇了。

這位喬瑟夫・瑞奇（Joseph Rickey）上校是1880年代的高調民主遊說者，遊說的官員甚至還包括克利夫蘭總統（Grover Cleveland）～

好，各位要是沒來過華盛頓特區，我來告訴你，這裡是個盆地，很熱！不管是從氣象上來說，還是「政治上」來說都是如此。因為很熱，瑞奇上校走進他最愛的Shoomaker酒吧時（位於國會暗處，地址：E Street NW），總會點上一杯這種飲料，壓壓逼人暑氣。

乾杯！

認真考核過調酒歷史的人會發現，上校喜歡的正宗長玻璃杯調法其實是用威士忌，但若是喝過正宗版和改良版，任誰都會認為加了琴酒的改良版更理想！

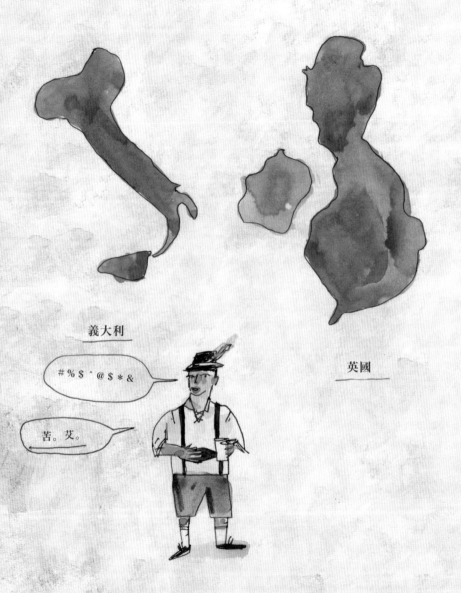

傑佛遜紀念館

華盛頓紀念碑

國會大廈

瑞奇（Rickey）

O 1.5 盎司琴酒

O 半顆萊姆

O 氣泡水

→取一高球杯裝入冰塊，倒入琴酒，擠點萊姆倒進杯中後也丟進去，然後再套氣泡水。慢慢啜飲，一邊喝一邊爭辯如何處理禮賓車工人罷工喔～

瑞奇

適合邊喝邊講冷笑話的酒？

這杯用細長玻璃杯裝著的酒，混了琴酒、檸檬、糖和氣泡水，也是以人物命名的調酒。但是酒後的主角其實是個倫敦的飯店服務生，名叫「約翰·可林」（John Collins）。這杯調酒被這樣稱呼起碼維持了十年，直到1876年傑瑞·湯瑪斯出書（P44），將約翰改稱為「湯姆」。

這麼做呢，背後可能有兩種原因，其中一個原因非常簡單，就是因為這杯調酒通常使用偏甜的英國老湯姆琴酒調製。

另一個原因，可能是因為當時有種無聊的惡作劇席捲全美，而且和這支調酒的酒名有關。從現代幽默的角度來看，這笑話也許不好笑，但我還是試著講看看吧～

「假設你和同伴正在享受夜生活，可能已經幾杯下肚了。你小聲地跟朋友說，曾聽到有人在講他的壞話，還到處造謠。『造謠？』是的，沒錯，你如此回答。還有，那個到處造謠的罪魁禍首叫做湯姆克林，而且你聽說他現在人在路口那間酒吧。」

「你朋友一臉好騙樣，擔心自己的名聲就這樣毀了，於是火速衝到那間酒吧想找他算帳。那邊酒保跟你串通好了，告訴你朋友『你和老湯姆擦身而過了！』語畢，眾人哄堂大笑。」

如果你覺得不好笑，我也原諒你啦！不過，可別讓冷笑話毀了嚐嚐「真正的」湯姆克林的念頭——滴點糖漿、加一點檸檬汁，試試老湯姆琴酒的獨特風味吧！

湯姆克林（Tom Collins）

- ○ 2 盎司老湯姆琴酒
- ○ 半顆檸檬
- ○ 1 茶匙糖漿
- ○ 氣泡水

→取一高球杯裝入冰塊，倒入琴酒，擠點檸檬倒進杯中，丟掉檸檬，然後在杯內注滿氣泡水。喝酒之前先跟朋友敬酒，開一些有的沒有的玩笑吧！

誰在說我壞話？

英國夏日最流行的消暑調酒？

手上紅酒太多了？為了解決這種令人羨慕的煩惱，足智多謀的西班牙人發明了桑格利亞水果潘趣酒（Sangria），裡面放了紅酒、水果、糖，有時還會附帶一小枝薄荷。英國人呢，因為沒有歐陸的肥沃土地種植葡萄，所以當西班牙人用桑格利亞處理過多的紅酒時，英國還在煩惱琴酒剩太多怎麼辦。

十九世紀初期，倫敦人愛水果酒愛到起肖。他們在水果酒裡混合了烈酒、紅酒、水果、藥草和香料。但什麼是水果酒呢？它的定義很廣，可說是倫敦的酒吧有幾間，做法就有幾種。

其中有一種調法特別受歡迎，他是詹姆斯‧皮姆（James Pimm）特調出來的，裡面還可以喝出甜甜藥草味和琴酒利口酒味喔～

皮姆是倫敦市中心的生蠔吧老闆，他的調酒大獲好評後，開始大量生產、瓶裝販售「皮姆之杯 1 號」（Pimm's No. 1）。

到了 1850 年代，他的公司提出改良版，改以蘇格蘭威士忌、白蘭地、蘭姆酒、裸麥威士忌、伏特加為基酒。皮姆之杯 2 號到 6 號大部分都已停產，不過原始的皮姆之杯還蠻適合發揮創意改造的。

皮姆之杯成了現代英國人的夏日必喝款，想加多少材料都可以，有的清涼冒泡（如檸檬汽水、薑汁汽水、氣泡水），有的走新鮮水果路線（可以放各種漿果類）。不過，最傳統的做法還是添加檸檬混萊姆的汽水，再搭配冰涼小黃瓜～

皮姆之杯（Pimm's Cup）

⊙ 2 盎司皮姆之杯 1 號

⊙ 4 盎司檸檬混萊姆汽水

⊙ 小黃瓜切片

⊙ 一小枝薄荷

→取一細長玻璃杯裝入冰塊，倒入皮姆 1 號和汽水，然後用小黃瓜切片和薄荷裝飾。好好攪拌，趁沒人注意偷倒一般琴酒進去，來個辣刺激～

皮姆之杯

詹姆斯・皮姆

自製婚禮簡易調酒

對於狂熱的派對籌劃者而言，沒有其他場合比婚禮更能大展身手了。不管是萬眾矚目的婚紗、開胃菜、蛋糕，還是修剪整齊的緞帶、時不時從轉角探頭出來的花朵，他們對婚禮各種細節的用心總是令人歎為觀止。當然，等你走到酒吧那區，就不是這樣子了～

婚禮上的「酒吧」只是個通稱。渴到冒煙的婚禮客人通常要忍受漫長的五聲部合唱後，才能走到「酒河」裡解渴，但酒吧通常也只是幾張桌子拼湊起來（鋪上上漿的白色桌布）偽裝成以假亂真的飲酒作樂區而已。

那些看起來人很好但很累的外燴師傅很細心地看守自己的寶貝，像是萊姆、冰塊、一些基本烈酒，還有一排無酒精調酒飲料，不過呀，這一區看起來就像是剛被打劫過的販賣機。

在上述這些場合呢，還是要實際點，別想著能喝到什麼好酒。還有，千萬不要點馬丁尼，除非你其實想喝的是琴酒加冰塊。不過就像畫家只有調色盤上的幾種顏色，偶爾有些限制，或許也能激發出不一樣的樂趣。

就算只有兩種材料，你也可以發明讓派對活過來的酒，不用讓酒保手忙腳亂，也不會讓排在你後面的人覺得你有完沒完。

這些單調的調酒或許不像藍色時期的畢卡索那樣驚人，但是琴酒混葡萄柚汁會令人耳目一新、精神亢奮，而且婚禮上喝酒其實要求也不多，只要能讓人保持活力，跳到下一場婚禮就好啦～

注意：下列有些調酒可能有正式名稱，但是在不確定的場合，還是直接一點比較好，畢竟你哪知道酒保會不會搞不清楚狀況，用雪碧調出悲劇的琴酒瑞奇（Gin Rickey）呢？

波本加蘋果汁
蘋果汁很理想，但是用鋁箔包蘋果汁沖淡波本更是別有風味。兩者混合的味道介於甜茶和楓糖漿之間，喝完保證你笑開懷。

龍舌蘭加蘋果汁
龍舌蘭若是能擺脫萊姆汁的宿命糾纏，也能改頭換面。龍舌蘭的粗獷口感和蘋果汁配合得恰到好處，喝起來就像是鹹鹹的裸麥威士忌。

琴酒加葡萄柚汁
柑橘類果汁＋小餐點＝什麼都會變好吃！
葡萄柚汁算是廉價無酒精調酒飲料的龍頭，融合了甜味、酸味、苦味。用葡萄柚汁調製粉紅色、黃色飲料也很可口，婚禮喝這杯就夠了。

龍舌蘭加葡萄柚汁
認真想想喔，其實葡萄柚汁加什麼都好喝。混龍舌蘭味道會很接近瑪格麗特的甜味。再加一點雪碧，基本上就成了帕洛瑪（P138）。

蘭姆酒加葡萄柚汁

即使加了葡萄柚汁也無法完全掩蓋廉價蘭姆酒的防曬乳怪味。但是在婚禮場合，這是最接近海明威最愛喝的酒Papa Doble的飲料了（P151）。

蘭姆酒加可樂

一定要的啊！

琴酒加氣泡水，萊姆多一點

現在，大部分婚禮上的酒保都知道當客人說「汽水」，其實想要的是「氣泡水」，而不是甜甜的飲料。所以我在這裡還是說「碳酸水」比較保險（聽起來很好玩，對吧！）雖然加入第三種飲料很犯規，但不妨想成其實你是在幫酒保忙，因為他們之前一定切了一堆萊姆，能派上用場，他們一定會很開心的！

甜苦艾酒加乾苦艾酒

這樣調可能會惹來陌生人的奇異目光，但要是你能鼓起勇氣，就能如獲至寶～這杯甜甜的開胃酒還能喝到藥草味呢！（其實這種調法在法國、義大利的路邊咖啡店還蠻常見的）

每年五月五日
美國人喝什麼酒？

每年五月五號，美國人都會忘記自己的新年新希望，喝下一杯又一杯的龍舌蘭，慶祝墨西哥傳統節日「五月節」。很不幸地，一旦開喝就會愈喝愈多。但要是你討厭酒池肉林或是喝膩了瑪格麗特，龍舌蘭還有其他喝法，同樣能讓柑橘味兒與活力充沛的龍舌蘭歡樂結合。

帕洛瑪（Paloma）在西班牙語是「鴿子」的意思，做法和其他調酒一樣簡單。其實它就和蘭姆混可樂一樣，是個汽水年代的產物。不過，如果你加入葡萄柚汁，這風味，哇～肯定令人眼界大開，絕對能替龍舌蘭洗刷冤屈，好像明星犯錯宣布要做公眾服務那樣。

這款簡單的汽水版龍舌蘭絕對適合當開喝的一杯酒，不過啊，要是換成鮮榨葡萄柚汁也很好喝，而且這樣一來，也不需要再喝另一杯囉！

帕洛瑪

半顆萊姆擠成汁

帕洛瑪（Paloma）

〇 2 盎司龍舌蘭

〇 半顆萊姆

〇 葡萄柚汽水

→將上述材料和冰塊一同加入細長玻璃杯中（買龍舌蘭時注意酒齡：añejo 陳年最久、reposado 中等柔和，blanco 是未陳年酒款，比較辛辣）。

葡萄柚汽水可以用墨西哥牌子的 Jarritos，等到要拜訪親戚再用 Fresca 這種好牌子。

帕洛瑪（意指灰鴿）

鮮榨帕洛瑪

⭕ 2 盎司龍舌蘭

⭕ 半顆葡萄柚果汁

⭕ 半顆萊姆果汁

⭕ 一些龍舌蘭蜜或糖漿

⭕ 一撮鹽（Whynot?）

⭕ 氣泡水

→在細長玻璃杯中先加入冰塊再加入上述材料攪拌。這個版本的帕洛瑪比較大氣，但是，還是要保持冷靜，不要擔心材料分量，讓酒精帶領你～

灑了滿地

長島冰茶的真面目

抱歉，竟然介紹起長島冰茶，如果嚇到你，我深感抱歉。但是，我還是要告訴你這杯酒的製作方式。聽起來可能有點殘酷，好像帶小孩去熱狗工廠那樣。希望你現在已經長大成人，畢竟你都在看調酒書了，品味也應該進化了些吧！應該不會再用最大的杯子喝乾儲藏室裡每一瓶酒，還套可樂喝。

知道長島冰茶的真面目後，你一定無法輕易忘記，所以，要是聖誕老人和牙仙不存在對你來說已經太刺激，把眼睛蒙上，直接跳到下一頁吧～

長·島·冰·茶

既然我們都已經是大人了，這版本的長島冰茶就要加鮮榨檸檬汁（有些龜毛的人還會買瓶酸味調酒飲料，冰在冰箱後面三個月之後再拿出來用）。

長島冰茶（Long Island Iced Tea）

◯ 1 盎司伏特加

◯ 1 盎司琴酒

◯ 1 盎司蘭姆

◯ 1 盎司龍舌蘭

◯ 1 盎司 triple sec

◯ 1.25 盎司鮮榨檸檬汁

◯ 0.5 盎司糖漿

◯ 可樂

→加入所有材料混勻搖晃，可樂另外加冰塊搖晃，濾進裝有冰塊的品脫杯中再套可樂。一邊用捲捲花俏吸管啜飲，一邊幹些以後會後悔的事，並視情況重複以上流程！

為什麼有的調酒要放在椰子殼裡喝？

要是你曾喝過裝在假椰子裡的調酒，或是假竹子、假圖騰柱，都要怪老唐（Don the Beachcomber）。雖然說，要是老唐本人調酒給你喝，或許你會感謝他也說不定啦！

老唐本名是厄尼斯特·雷蒙·伯曼－甘特（Ernest Raymond Beaumont-Gant），1934年在好萊塢開了間同名酒吧，是美國第一間走夏威夷風格的酒吧。當時店裡就有現代常見「假鬼假怪」的花招，像是夏威夷呼啦音樂、粗糙的玻里尼西亞風格裝飾、插著小陽傘和美麗裝飾的蘭姆水果雞尾酒。

這股夏威夷風格酒吧風潮蔓延三十年，更在好萊塢吹起一番熱潮，再加上美軍歸國，回憶南太平洋往事，使店裡總是門庭若市。之後類似的酒吧一家接一家地開，其中包括知名連鎖店 Trader Vic，讓這波蘭姆*風潮席捲全美。

---

* 夏威夷風味酒吧多販賣以蘭姆為基底的調酒。

後來老唐離開了好萊塢，成為二戰的士兵，他的妻子桑德（綽號 Sunny）把酒吧擴充成連鎖企業。戰後他們離婚，連鎖店歸她管，他則是搬到夏威夷開了另一間老唐的店，一如往常，他的酒吧充滿稻草、竹子，據說還訓練了一隻八哥負責大罵「笨蛋，快給我啤酒！」

到了 1959 年，夏威夷成為美國一州，我想，他們一定都舉著夏威夷堤基杯慶祝吧！

殭屍喝起來到底像什麼？

乍看之下，殭屍調酒（Zombie）有點像廚房洗碗水，也有點像巴哈馬風長島冰茶。不過，他們之間還是有兩個巨大的差別：

1. 雖然殭屍的酒譜到現在都還是秘密，但還是有老唐改良過的經典版。
2. 在老唐的酒吧裡，你只能點一杯。

老唐把自己的酒譜用鬼畫符密碼寫滿筆記本，不過，現代的調酒歷史學家傑夫·貝瑞（Jeff Berry）已經破譯部分酒譜，小有進展（現在多種成分仍只用號碼標示），看來老唐沒有說謊，正宗的殭屍酒譜已經失傳，也許被塞到挖空的聖經裡藏起來，或是被捲起來藏到古董相框後了吧！

不過不管如何，調酒歷史學家和酒保仍想辦法把酒譜給拼湊起來，東摸西弄無數次後，我們才有機會喝到風味絕佳的「二手版」殭屍。

殭屍（Zombie）

O 1.5 盎司淡香蘭姆酒

O 1.5 盎司黑蘭姆酒

O 0.5 盎司高濃度蘭姆酒

O 1 盎司萊姆汁

O 1 盎司鳳梨汁

O 1 盎司芭樂汁（其他熱帶水果汁也可以）

O 0.5 盎司石榴汁糖漿

O 2 dash的安哥斯圖娜苦精（Angostura）

→加入冰塊搖晃，濾冰後倒進細長玻璃杯中，開啟酒吧模式～

哪一款調酒有無數個版本？

如果你想要試試新酒，碰到改良版調酒名稱像是「草莓 _____」的時候，都應該要先喝原味。黛綺莉（Daiquiri）也是這樣。

黛綺莉應該來自古巴（想也知道是古巴啊，蘭姆酒和萊姆的天作之合就像花生醬配果醬一樣），所以有無數種口味和水果的改良版。今天最常看見的，就是那種被關在果汁攪拌機裡，承受萬年攪拌刑罰的黛綺莉。

然而，早在果汁機發明之前，黛綺莉其實十分單純，就是蘭姆酒而已。若你從未體驗過淡香蘭姆酒的寧靜純粹，就從這杯開始吧！

黛綺莉（Daiguiri）

○ 2 盎司淡香蘭姆酒

○ 1 盎司萊姆汁

○ 0.5 盎司糖漿

→加入冰塊搖晃，濾冰後倒進雞尾酒杯中，喝到最後一口轉身做杯
Papa Doble（P151）。

海明威最愛喝什麼酒？

好啦，既然你都已經喝完黛綺莉（P149）了，往專家版邁進吧！

說到這個，海明威可是公認的黛綺莉大師。他曾長住古巴，在哈瓦那的 El Floridita 酒吧還有專屬座位，在那裡他致力於建立自己的飲酒事業，不但喝得多又喝得有品味。人在古巴，當然要喝黛綺莉，但是身為大作家，他才不會把時間都浪費在這麼普通的酒上。

海明威的招牌飲料「Papa Doble」名稱來自他的綽號「Papa」以及他喝酒的速度（doble就是double，雙份）。PapaDoble神奇有活力，以黛綺莉為基底，再把每樣材料一樣一樣的換掉改良——先讓萊姆汁和風味複雜的葡萄柚汁做朋友，再用大量的黑櫻桃酒把普通的糖變得不一樣！

想要像海明威那樣喝？把蘭姆酒改成雙份吧！

Papa Doble

○ 2 盎司淡香蘭姆酒

○ 1 盎司萊姆汁

○ 0.5 盎司葡萄柚汁

○ 0.3 盎司黑櫻桃酒瑪拉斯奇諾（maraschino liqueur）

→加入冰塊搖晃，濾冰後倒進雞尾酒杯中，或是濾掉冰渣倒進細長玻璃杯中。可以攪拌，而且最好要攪！這樣一來，萊姆汁和黑櫻桃酒的味道透過冰塊更可以被突顯出來～

海明威

給我來個雙份的！

綽號 Papa

彷彿渾濁飛行中浮現一抹神秘晚霞的酒？

除了飛行（Aviation）以外，沒有其他調酒更能完美詮釋黑櫻桃酒的杏仁味了。黑櫻桃酒和琴酒彷彿成了亡命鴛鴦，追逐檸檬般的太陽，沒有明天。

這三種材料味道如此直白，如此水火不容，融合之後風味卻如此融洽，真是令人費解。似乎每喝一口，各種味道就會輪流出現：由琴酒打頭陣，接著退下，黑櫻桃酒甜味飄過，最後被檸檬的水果甜味包夾，真的是超有個性～

嚴謹的調酒歷史學家尋尋覓覓，加了一瓶默默無名的紫羅蘭酒（現在愈來愈好入手了），增添花瓣香氣，讓渾濁飛行浮過一抹神秘晚霞。不過即使不加紫羅蘭酒，飛行也是進入黑櫻桃酒世界的入門酒。還有，恕我大膽，把飛行當成琴酒入門也不錯。

飛行（Aviation）

O 2 盎司琴酒

O 0.5 盎司黑櫻桃利口酒（maraschino liqueur）

O 0.5 盎司檸檬汁

O 一點紫羅蘭酒（也可不加）

→加入冰塊搖晃，濾冰後倒進雞尾酒杯中，如果你已經買了一瓶真的黑櫻桃，

收好下次再拿出來吧！因為它搭配雪莉登波*會很好喝！

飛行

亡命鴛鴦

---

* 雪莉登波(Shirley Temple)：是一種沒有酒精的雞尾酒，主要成分為石榴糖漿，其他成分一般包
  括百事檸檬味 Sierra Mist、雪碧、七喜或碳酸水，以及一顆馬拉斯奇諾櫻桃和一片橙子。此飲
  料多供應給成人同桌的小朋友，讓他們過過喝雞尾酒的癮，所以此飲料又名「小朋友的雞尾
  酒」。

說出遺言前一定要喝的酒？

「遺言」（Last Word）這杯調酒，有時候真是自相矛盾。裡頭有四種互相衝突的成分，比例各一，每種材料都往不同方向拉扯。在東邊嚐到辣辣的琴酒、西邊則是一抹萊姆酸味。過了這頭，還有兩種甜甜利口酒——杏仁味的黑櫻桃酒和辛烷值很高的藥草味餐後蕁麻酒。

字面上看起來，這種組合根本是瘋了，就像小孩隨便調的汽水噴泉。不過比例達到理想平衡的話，遺言喝起來很豐富，令人陶醉、又很有成就感～

遺言（Last Word）

O 0.75 盎司琴酒

O 0.75 盎司萊姆汁

O 0.75 盎司黑櫻桃利口酒（maraschino liqueur）

O 0.75 盎司蕁麻酒

→加入冰塊搖晃，濾冰後倒進雞尾酒杯中。看吶～那深不見底的綠之光，跳進去吧！

絕對不可能做錯的酒?

對於居家型調酒師而言,鏽釘(Rusty Nail)根本是天賜良機,只有兩種成分,很難忘記,而且絕對不可能做錯!二十世紀前半葉,鏽釘的酒譜(或者說是概念)原本有很多種稱呼,到了1963年「鏽釘」名稱才固定。不過那些歷史都不用記,記這兩樣東西就好:蘇格蘭威士忌和蜂蜜香甜酒。

蘇格蘭威士忌可選用有泥炭味的艾萊島(Islay)威士忌,香甜酒則很適合調製蘇格蘭風的古典雞尾酒,因為它混合了蘇格蘭威士忌、蜂蜜、形形色色的藥草、香料,可說是「威士忌、糖、苦精黃金組合」的跨大西洋遠親。從泥炭味的艾萊島到麥芽味的高地,威士忌風味多樣,就像酒客品味多變。所以,我們就用這杯酒當作威士忌的起點吧(當然,還要調整一下,加多一點威士忌)!

鏽釘(Rusty Nail)

○ 2盎司蘇格蘭威士忌(通常是調和威士忌)

○ 1盎司蜂蜜香甜酒(Drambuie)

→平底杯中先加入冰塊再攪拌,檸檬皮可加可不加。喝到一半的時候,兩種材料都再加一點~

如何愛上威士忌?(英國版)

大概是因為邱吉爾和葛登蓋柯（電影《華爾街》角色）的關係，蘇格蘭威士忌成了老爹的招牌飲料，也成為總是飛來飛去的商人搭機必喝飲料。大致聞一下，威士忌感覺都一樣——都很粗獷、猛烈，還有煙燻味～

不過啊，要是你聞慣了煤炭味，就好像已經通過威士忌的測驗，麥芽威士忌的大門就會為你而開——這麥芽味就如同牛奶般的甜味，在麥芽飲料、奶昔中也可找到。

話又說回來，煙燻味對某些人來說卻是最好的滋味。

威士忌

初學者：血與沙（P107）

血與沙裡頭的三種甜味成分可以壓下煙燻味，而且它沒有血也沒有沙，並沒有聽起來那麼可怕，根本就是一種「甜點飲料」，但會讓你想再來一杯～

進階版：鏽釘（P156）

鏽釘和血與沙一樣，沒有聽起來那麼可怕啦！

只要是用到煙燻味威士忌的調酒，都會取這種凶神惡煞名稱罷了。在這杯調酒裡面，以蘇格蘭威士忌為基酒，加入一點蜂蜜香甜酒可以增添風味，因為蜂蜜可以讓酒喝起來又甜又香。

專家級：威士忌 SKIN（P165）

什麼？喝這個？品酒專家可能想到就會退縮猶豫，但若你不拘泥於花俏品牌，加熱喝個威士忌 skin 也不失為進入甜美麥芽味新世界的途徑喔！托地酒（Toddy，P163）也能這樣處理，只要蘇格蘭威士忌、糖和水，就能變出讓你嚇一跳的複雜風味！

看起來很厲害，
其實很難喝的酒？

普詩咖啡（Pousse Café）要怎麼調呢？其實不用調！

因為它其實是個分層飲料——只是不同密度的飲料，痛苦分層漂浮著罷了。做出看起來很厲害實際上很難喝的色階酒，除了吃飽沒事幹、做做看之外一無是處。以下酒譜來自 1860 年代，還是紐奧良的桑地拿酒吧？我忘了啦～

普詩咖啡（Pousse Café）

- 〇 1 份干邑白蘭地
- 〇 1 份黑櫻桃利口酒（maraschino liqueur）
- 〇 1 份古拉索橙皮酒（curaçao）

（以上比例1：1）

→拿一個細長、過度講究的玻璃杯，先開始倒一點干邑白蘭地，再順著湯匙背倒下黑櫻桃酒，小心分層，最後利用這個湯匙新花招讓橙皮酒漂浮在最上層。順利的話，你可以得到一杯看起來濃稠甜膩的溫利口酒。看起來很好喝吧？退後幾步，拍拍幾張上「層」之作，因為外觀真的很美，而且，你一定不想再做第二杯了！

哪杯調酒出現在《謀殺綠腳趾》結局裡？

不管 1960 年代發明白色俄羅斯（White Russian）的時候發生什麼歷史事件，都被柯恩兄弟蓋過去了～

1998年3月6號，在這對導演兄弟執導的電影《謀殺綠腳趾》（The Big Lebowski）裡，演員傑夫·布里吉（Jeff Bridges）詮釋的角色是個不修邊幅、嗑藥嗑到恍神的男子，他有個宇宙皆知的綽號「督爺」。

督爺向來白天喝酒、晚上打保齡球，後來不幸地被捲入綁架案和謎團之中——這一切都只是為了一條地毯，而麻煩之所以會找上他，不過只是因為他與某個富豪同名罷了。唉～

但是，出來混總是要還的。電影結局是一杯伏特加、卡魯哇咖啡酒、奶油的混合飲料。最後，督爺還是屈服了。

白色俄羅斯（White Russian）

O 2 盎司伏特加

O 1 盎司卡魯哇咖啡酒（Kahlua）

O 一點奶油

→加進冰塊攪拌時也別忘了屈服～

柯恩兄弟喝白色俄羅斯～

冬天一定要喝的熱酒？

早在 1700 左右，連第一杯調酒都還看不到影子的時候，彬彬有禮的酒客已經開竅，發現了熱托地酒（Hot Toddy）的奧秘香氣，以及它散發出的溫暖靈魂深處的光輝。

當時用的材料和現在一樣簡單到不行——酒精、糖、熱水，依口味自行調整。選用的酒類通常是普通的威士忌，雖然用什麼威士忌都可以，但仍常有人在蘇格蘭威士忌、愛爾蘭威士忌、美國威士忌、裸麥威士忌間爭論不休。不過早期殖民者不太管用哪種威士忌，因為也可以用白蘭地、蘭姆、蘋果白蘭地、偶爾加個荷蘭琴酒（口感溫順甜美）取代威士忌啦。

傳奇大師傑瑞・湯瑪斯（P44）在書中避開要加什麼的選擇大亂鬥，改替每種酒類設計托地酒譜，結果都差不多。接著他開始推出幾種「sling」，其實和托地酒根本一樣，只不過是多加了磨碎的新鮮肉豆蔻。然後他又介紹一種「skin」，還是換湯不換藥，只是多加檸檬皮，而且似乎搭蘇格蘭威士忌才好喝～

我也不是要貶低檸檬皮的影響力啦，但是特地寫這種酒譜，就跟調咖啡、咖啡加奶、咖啡加糖加奶需要食譜是一樣的道理嘛。

現代的熱飲調製法經過一百多年調酒文化熏陶，所以調法當然複雜許多。

糖：可以換成各種調味料、水果糖漿，更不用說蜂蜜、龍舌蘭蜜、糖蜜～
熱水：也能用紅茶、綠茶、甜洋甘菊、正山小種紅茶（產地是福建武夷山的）
　　　代替。變化太多了，無法一一陳述，不過，放輕鬆～櫃子裡有什麼就
　　　用什麼吧！但是不要忘了，偶爾回來復習一下經典調酒喔！

> **熱托地酒 (Hot Toddy)**
> O 2 盎司白蘭地
> O 6 盎司熱水
> O 1 茶匙糖
> →穿拖鞋、添柴火，倒進馬克杯攪一攪～

威士忌 skin

⭕ 2 盎司蘇格蘭威士忌

⭕ 6 盎司熱水

⭕ 1 茶匙糖

⭕ 檸檬皮

→將蘇格蘭威士忌和水、糖加入馬克杯中，擠點檸檬倒進杯中，攪拌，好好享受吧～

特別感謝

對我而言，這本書非常「華盛頓特區」——華盛頓特區是孕育書寫的溫床，我很感激許多人。我要感謝編輯、《華盛頓特區報》的安德魯包強、提姆卡門、克里斯史考特，他們都是真正的心靈導師。

感謝報社的艾瑞克・溫坡，他覺得請啤酒作家來寫書這點子很不錯，也感謝出沒於那間瘋狂報社的大家。感謝那些逗我笑的酒保，尤其是丹・西爾霖，他總是有時間聽故事，白蘭地還算我比較便宜！紐約團隊那邊，我要感謝經紀人史黛芬妮、安娜、感謝編輯梅麗莎，還有顧問貝絲。

感謝家人朋友認真聽我嘀嘀咕咕說個沒完，就算我不調酒、還常常只給他們一滴滴咖啡喝。謝謝聖伯納酒吧的常客，聖伯納是最舒適的酒吧，PerryPlace以前都沒有這種地方！

還有，當然還要感謝令人驚奇的伊麗莎白・桂博。

伊麗莎白，換妳上場：
繪製本書插圖十分有趣，成果令我極為自豪。我要大力感謝歐爾、歌納、高譚出版社。感謝我的家人、朋友、以及所有鼓勵我繼續畫下去的人。謝謝！

喝飽了～

【好生活 2APV33】

作者	歐爾・斯圖爾（Orr Shtuhl）
繪者	伊麗莎白・桂博（Elizabeth Graeber）
譯者	吳品儒
責任編輯	許瑜珊
封面設計	逗點國際
內頁排版	逗點國際
行銷企畫	辛政遠、楊惠潔
總編輯	姚蜀芸
副社長	黃錫鉉
總經理	吳濱伶
發行人	何飛鵬
出版	創意市集
發行	英屬蓋曼群島商家庭傳媒股份有限公司城邦分公司
地址	104 臺北市民生東路二段 141 號 7 樓
電話	+886（02）2518-1133
傳真	+886（02）2500-1902
讀者服務電話	（02）2517-0999・（02）2517-9666
城邦書店	104 臺北市民生東路二段 141 號 1 樓
	電話：(02) 2500-1919
	營業時間：週一至週五 09：00-20：30
ISBN	978-986-306-188-5（平裝）
版次	2017年10月二版一刷
條碼	471-770-290-122-6
定價	320 元

雞尾酒裡面有雞尾巴嗎？

AN ILLUSTRATED GUIDE TO

COCKTAILS

50 Classic Cocktail Recipes, Tips, and Tales

精選50個好喝、好聽又好玩的調酒故事

雞尾酒裡面有雞尾巴嗎？精選 50 個好喝、好聽又好玩
的調酒故事／歐爾・斯圖爾(Orr Shtuhl) 著；吳品儒譯.
-- 初版. -- 臺北市：城邦文化出版：家庭傳媒城邦分公
司發行, 2015.04

面；公分

譯自：An Illustrated Guide To Cocktails：50 Classic
Cocktail Recipes, Tips, and Tales

ISBN 978-986-306-188-5（平裝）

1.調酒 2.通俗作品

427.43   104001484

This edition published by arrangement with Gotham Books, a member of
Penguin Group (USA) LLC, A penguin Random House Company.